能量的起源──「太陽」

地球上所有生物活動所需的能量，幾乎都可以追本溯源至距離我們 1 億 5000 萬公里遠的太陽。在太陽的「恩賜」下，我們才能夠進行各種活動。

影像提供／ NASA/SDO/AIA

© kuzina/Shutterstock.com　© MNStudio/Shutterstock.com

▲▶植物將太陽所給予的能量轉化為養分，讓以植物為食的動物得以生存。

◀ 清水公司的 Mega Solar 太陽能發電站，能夠將來自太陽的能量轉化為電力。

影像提供／日本中部電力公司

影像提供／日本南薩摩市教育委員會

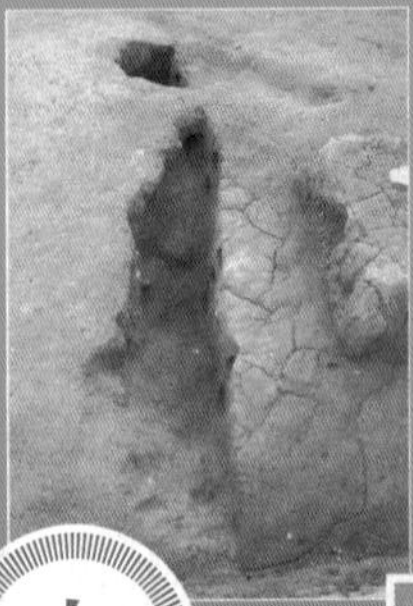

© ch_ch/Shutterstock.com

在能源運用方式上的進化

現今，人類在能源的運用方式上已經有很大的進步，除了規模擴大了，我們也開始活用一些至今未曾使用過的能源。

火

◀▼ 從日本繩文時代的遺跡中可以看出用火烹調的痕跡（左上）。如今，我們則透過在火力發電廠（下）燃燒煤炭（左下）等方式，大規模擴大火的運用方式。

© DmyTo/Shutterstock.com

影像提供／日本中部電力公司

© Pecold/Shutterstock.com

◀▼對水流的利用也進化了，現今的水庫會運用水流進行水力發電。

水

© studio23/Shutterstock.com

© Federherz/Shutterstock.com

▶▼在日本北海道一處比300個東京巨蛋還大的廣大基地上（下）進行風力發電。

風

影像提供／ Eurus Energy Holdings Corporation

蓄積在地球內部的能量

火山噴發或陸塊移動，都是由地球內部所擁有的能量所引起。雖然其能量不如太陽那麼強，但規模也相當驚人。

影像提供／宮武健二

© oriontrail/Shutterstock.com

▲▶上圖中的現象稱為「火山雷」。地球內部的熱能也可用來發電（右）。

交通工具

© rootstock/Shutterstock.com

© Terroa/Shutterstock.com

影像提供／馬自達有限公司

▲◀從蒸汽（左上）、汽油到電力，使用在交通工具上的能源不斷變化。近年，使用氫氣的車輛也開發出來了（左）。

新的能源運用方式

人類正在發展更新的能源利用方式。今後，到底還會出現什麼能源？又會出現什麼樣的運用方式呢？

影像提供／HAVKRAFT

影像提供／日本沖繩科學技術大學研究所

▲▶上圖為利用海浪波動的海浪發電，右圖為利用黑潮洋流所進行的海流發電完成概念圖。

▼在太空中放置太陽能板，將產生的電力送回地球的宇宙太陽能發電系統，目前正在研發中。

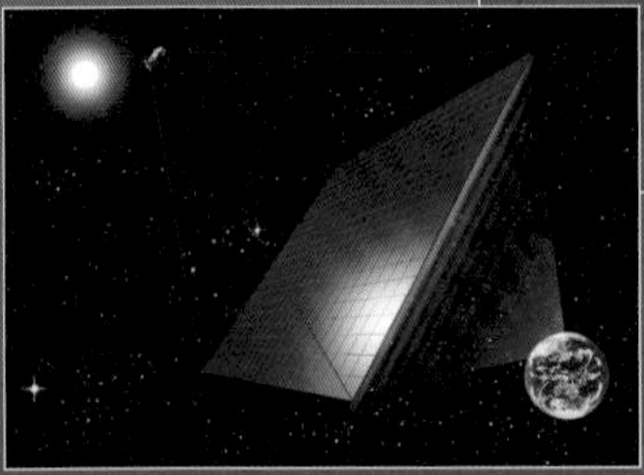

影像提供／J-spacesystems

▶利用厭氧微生物等動植物生物能源來發電，是近來很受矚目的發電方式。

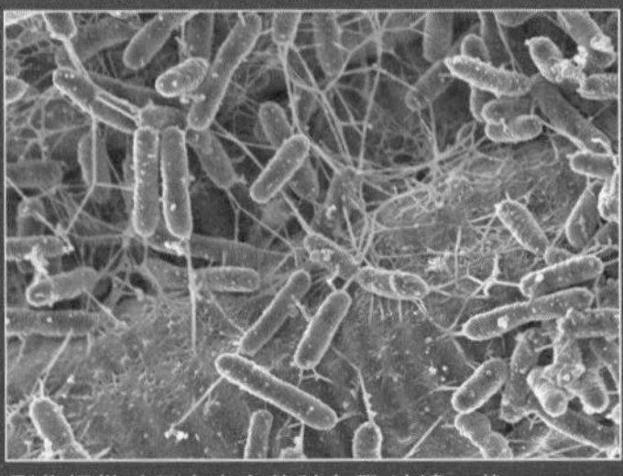

影像提供／日本東京藥科大學 渡邊一哉

影像提供／SHINODA CO., Ltd.

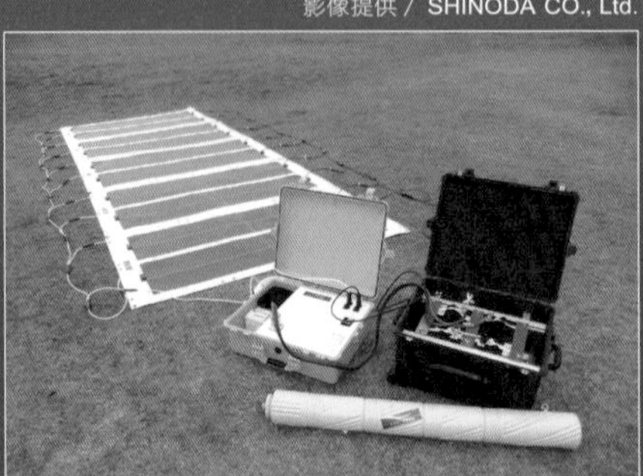

▲已開發出的可摺疊搬運新型太陽能板。

哆啦A夢科學任意門

DORAEMON SCIENCE WORLD

超強能源尋寶機

哆啦A夢科學任意門

超強能源尋寶機

目錄

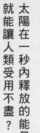

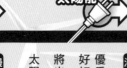

關於這本書

希望讀者能一邊輕鬆的閱讀哆啦A夢漫畫，一邊學習最新的科學知識。漫畫中所涉及的科學議題，將會在之後的文章進行深入的探索與解說。雖然有些內容可能略顯艱深，但我們會以最淺顯易懂的解說搭配最新的數據，探討人類使用能源的現況與對未來的展望。

數十年來，我們生活的現代社會，已發展為沒有電力，便無法順利運作的社會。在大家的生活中，各種家電製品或手機都需要電，包含自來水、交通號誌等，一旦沒電就無法正常運作。為了製造出這些電力，人類已絞盡腦汁想過許多方式。

但是，發電也導致許多問題產生。被視為現今主要能源的石油有一天終將被用盡。除了被大家廣泛討論的核能發電外，其他的新型態發電方式也可能造成環境汙染或氣候異常等不可忽視的大問題。

編輯本書的目的是希望在各位長大成人之前，一起思考這些人類無可避免的問題，並將本書當做參考資料使用。如果大家從現在就開始思考該如何處理能源問題，所想出的點子一定可以為能源問題貢獻一份力。若能從各位當中誕生出孜孜不倦從事研究的新世代科學家，所有的能源問題有朝一日必能徹底解決！

※無特別標註的資料，皆為截至二〇一五年三月的數據。

沒有電，會變得漆黑又寒冷。
還不只這些呢！如果放著不管，整個社會就要天翻地覆了。
為了避免類似情況發生，
全世界的學者正在努力研究。
好恐怖喔……
二十二世紀則是使用這個。
「太陽能乾冰源」。
好溫暖！
這是將太陽能轉化為像乾冰那樣的固狀物。

透光架

Q 太陽在1秒內燃燒釋出的能量，足夠全地球的人類使用一年都還用不完。這是真的嗎？

A 真的。太陽的能量比你想像中大多了。詳情請見第十五頁。

超強能源尋寶機Q&A

Q 地球會下雪是因為接收了來自太陽的熱能。這是真的嗎？

改天吧！等哪天比較溫暖時……
真是討厭，天氣這麼冷。
很溫暖啊。
少騙人了。在這種陰沉沉又灰濛濛的冬天怎麼可能會溫暖呢……
※陽光照射
這裡竟然有陽光……!!
這是「透光架」喔。
要是從地上直接觀測星星或其他星體，
像是厚重的大氣層、雲朵或煙霧，有很多物質會成為阻礙。
但透過這個觀看，
連宇宙空間都能看得一清二楚喔。

A 真的。蒸發後的水分在上空遇冷凝結再落至地面就是雪，而讓水分蒸發的能量幾乎都來自太陽。

溫暖到都快流汗了。
這樣就掃完了。
家中還比較冷呢。
能輕鬆做出新的「透光架」喔。
哇啊~好亮喔。
暖洋洋的，就像春天的草原。
去買東西。
好不容易才暖和起來的⋯⋯
我幫你做個攜帶型的「透光架」。

陽光真是好東西啊。
既溫暖又明亮……
撐著只有傘骨的雨傘，怪人一個。
哼！明明什麼都不懂。
？
？
哇啊！嚇我一跳。突然就變得溫暖起來了……
這是真的陽光喔。
用了這個就算不去關島或夏威夷也能做日光浴嗎？
當然可以！
咦？這個要給我嗎？
請收下吧！
因為不論幾個都能輕鬆做出來。

超強能源尋寶機Q&A

Q

地球能夠將從太陽接收到的能量全部蓄積起來。這是真的嗎？

A 假的。地球從太陽接收到的能量，幾乎全都散失到宇宙了。

超強能源尋寶機Q&A

Q 地球有岩漿，是因為地球中心與太陽一樣在燃燒的關係。這是真的嗎？

意外是個親切的人呢。
去他家跟他道謝吧。
聽說他住在巴貝爾．巨塔公寓附近……
這裡嗎？
你好，野比同學。
好暗喔。
像在陰天這種日子要是不開電燈，連書都看不了。
在那棟大廈蓋好之前，明明還能在陽台曬太陽的……
啊！所以才……
是啊！根本就不是住戶他們的錯，但不小心就……

A 假的。地球中心並不像太陽一樣在燃燒，而是地球在誕生時的熱能與放射性物質等因崩解而散發出熱能。

哆啦A夢……
他還沒回來啊？
他跑去哪裡啦？
哇—既明亮又溫暖!!
咦—你把這個房間的「透光架」給他了!?
算了，有什麼不好。
因為大家都很開心啊。
我都說過「透光架」只有那些而已了!!
短的也沒關係，只要能把這個曬乾就可以了!!

太陽在一秒內釋放的能量，就能讓人類受用不盡？

插圖／佐藤諭

地球所擁有的能源，百分之九十九點九皆來自於太陽

聽到「能源」這兩個字時，大家會想到什麼呢？無論是讓遊戲機和智慧型手機運作的電力，還是讓車輛行走的汽油，都是會讓人想大喊「好好節省、珍惜使用」的能源。

但有一個即使把全人類聚集起來都用不完的巨大能源來源，大家卻常常視而不見，那就是——太陽。

以二〇一一年為例，人類在一年內所使用的能源，換算成汽油的話，大約為一百二十三億噸。但太陽在一秒內所釋放出的能量約為一京（京為十億的十六次方）噸。人類如果要把這樣的能量用完，以目前的使用速度來看大約可以使用七十萬年。

大約是在距今二十五萬年前，人類的祖先「智人」出現於地球上。剛誕生的人類使用能源的速度當然與現在不同。但是，太陽在不到一秒鐘的短短時間內，只要閃亮亮的燃燒一下，便可以供應從人類誕生至今所使用的所有能源。即使沒有詳細的數據，大家也可以理解太陽的能量是「超乎想像的巨大」吧！

圓球狀的太陽當然不可能把所有的能量全都朝地球放射，太陽照射到地球的能量只是其中一部分。儘管如此，太陽照射到地球一個小時的能量，足夠供應整個地球一年份所需的能源。

來自太陽的能量幾乎能讓地球的一切動起來

暖洋洋的，就像春天的草原。

風吹、波濤、降雨與降雪都是來自太陽的能量

除了陸塊移動、火山噴發等少數大家比較知道的地殼活動外，地球上所發生的自然現象，其所有能量的源頭都是太陽。地球整體的空氣流動或產生洋流等，也都起因於太陽。

例如，空氣的流動是由於太陽光照射到地球的角度不同所產生。由太陽接收到的能量越靠近赤道越多，緯度越高則越少。赤道附近的空氣因為太陽照射而比較溫暖，緯度高的地區則相對較寒冷。為了拉近兩者間的溫差，空氣便開始流動，進而帶動地球整體的空氣流動。空氣開始流動後，雨、雪等天氣變化也跟著產生，而赤道附近因太陽而受熱的海水大量蒸散上升，於是產生了颱風。原理相同，發生在海水的溫差便形成了洋流。

影像提供／NASA

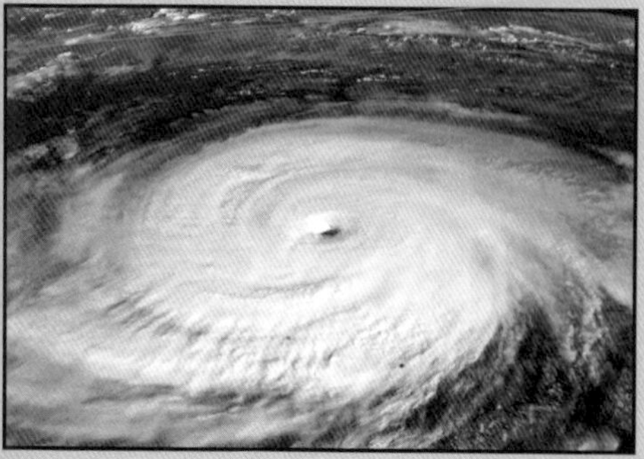

地球從太陽接收到的能量，幾乎全都散失到宇宙中了

首先，請問各位一個簡單的問題。地球不斷接收到來自太陽的能量，所以持續維持著溫暖。如果把肉放在平底鍋上持續加熱，沒多久肉就會過熟而後燒焦成一塊黑炭。那麼，既然太陽的能量如此巨大，為什麼地球在太陽持續的加溫下沒有被燒成一團黑炭呢？

答案是：地球從太陽接收到的能量，會如左上的圖片一般被雲或地面直接反射回宇宙，或化為紅外線後由地球放射回宇宙。

插圖／佐藤諭

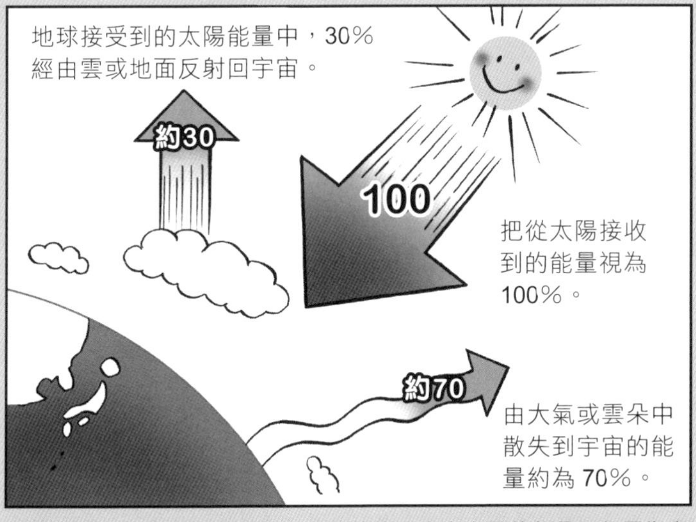

地球接受到的太陽能量中，30%經由雲或地面反射回宇宙。
約30
100
把從太陽接收到的能量視為100%。
約70
由大氣或雲朵中散失到宇宙的能量約為70%。

▲ 當今地球的能量收支圖。地球持續接收來自太陽的能量，但因為與由地球放出到宇宙的能量幾乎相同，使得地球整體可以保持大約一定的溫度。

由於從太陽接收到的能量，與從地球反射與放出的能量取得了平衡，使得地球能保持穩定的溫度。一旦這樣的平衡遭到破壞，便會出現暖化或寒化的情形。

太陽能量只會蓄積在植物身上

地球所接收到的太陽能量幾乎全都直接散失到了宇宙，但因為只有植物能行光合作用，所以可將太陽的能量轉為碳水化合物，並將能量蓄積於體內。地球上所有的動物都透過植物所蓄積的太陽能來維持生存。

但植物傳遞能量的途徑不只是當作食物這個方式。例如石油，便是植物經由光合作用蓄積在體內的太陽能量轉化而成。雖然透過燃燒石油來進行火力發電，似乎與太陽無關，但來源一樣是太陽的能量。

太陽能
二氧化碳
碳水化合物
氧氣
水

插圖／佐藤諭

太陽是把「東西」咻一下收集起來燃燒的星星？

陽光真是好東西啊。
既溫暖又明亮

在極端高溫、高壓下產生核融合

那麼，為什麼太陽會放射出這麼巨大的能量呢？太陽的能量來自於太陽中心附近所發生的核融合反應，雖然太陽看起來像一顆火球，但是並不像篝火一樣熊熊的燃燒著。

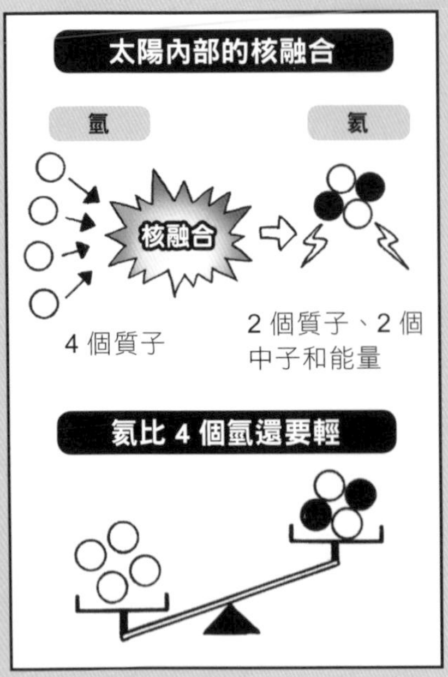
太陽內部的核融合
氫
氦
核融合
4 個質子
2 個質子、2 個中子和能量
氦比 4 個氫還要輕

插圖／佐藤諭

太陽的組成成份約百分之七十為氫，約百分之二十七為氦。在太陽中心附近，四個氫原子核（質子）激烈的相互作用後發生核融合，產生出具有兩個質子、兩個中子的氦原子核與巨大的能量。為什麼這樣的過程會產生巨大的能量呢？因為四個氫原子核比由兩個質子與兩個中子組合而成的一個氦原子核還輕。

愛因斯坦曾在特殊相對論中說明過，物質的重量（質量）可以被轉換為能量。根據計算，如果大概是一圓日幣大小且質量為一克的物質完全被消滅（變輕一克的話），以原油換算至少會產生兩千噸以上的能量。由於太陽持續放射出巨大的能量，事實上太陽每秒便減少四百二十萬噸的質量。

會產生這樣的核融合現象，是因為太陽的中心部位溫度和壓力都非常高。太陽中心的溫度高達攝氏一千五百萬度。現在，雖然人類已經開始研究利用太陽的核融合反應來發電的可能性，但目前為止還毫無頭緒。

特別專欄

地球上的能量和太陽相比相當微小，對人類來說卻相當巨大！

地球內部的熱能可以造成地震和火山噴發

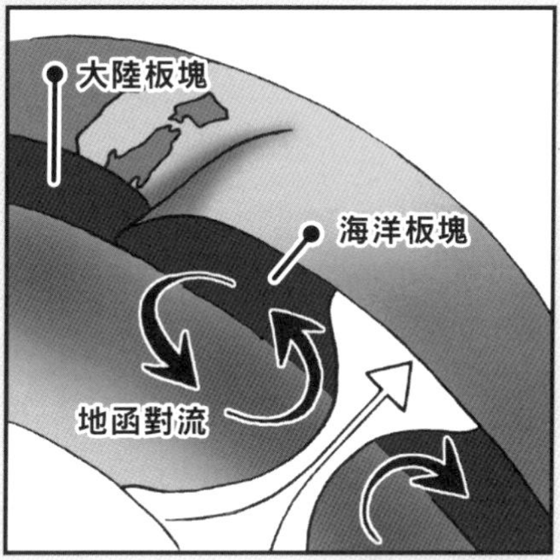

地球的中心溫度高達攝氏6000度。這些熱能雖然可以稍微溫暖地表，但與太陽的能量比起來卻相當微小。地球的大氣所接收到的太陽能量僅有0.03%。即使與太陽本身的能量相比相當微小，但以人類的角度來看卻相當巨大。

例如，地球上的陸塊會在漫長的時間中慢慢改變形狀，而這也是地球內部能量所造成。地球的內部地函有熱和冷的部分，並且相互對流。這些對流的力量讓覆蓋在地球表面的板塊拖著大陸與海洋一起移動，甚至改變陸塊的形狀。現今地球上的大陸板塊仍在移動中，據說數億年後，南美大陸與澳洲大陸將會與亞洲大陸連接在一起。

板塊的移動也是地震與火山活動的成因。例如地震發生時，相鄰的板塊因為相互撞擊而讓板塊產生震盪，當震盪的程度到達臨界值時，便會讓板塊產生回復原本位置的力量。由於日本位在好幾個板塊的交界線上，所以日本發生地震的頻率很高。

地熱是地球誕生時所產生的能量與超新星爆炸的能量！？

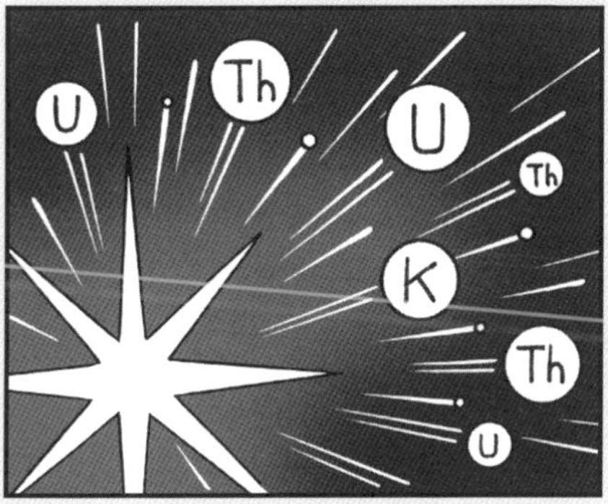

造成地球內部高溫的成因主要有兩個：其一，地球誕生前與小行星來回撞擊所產生的撞擊能量，在地球誕生後被留在地球內部；其二，地球內部的鈾、釷與鉀等放射性物質崩解後釋放出熱能。順帶說明一下，鈾與釷都是超新星爆炸時才會形成的物質。因此，可以說地球是透過超新星爆炸後的殘骸來釋放熱能。

插圖／佐藤諭

以前真好

爸爸小時候，徒手就能抓到好多魚了。
咦～在這麼髒的小河嗎？
以前很乾淨啊。兩岸種滿了櫻花樹。
喔～
在那棟公寓附近，春天則是整片的蓮花田。
喔⋯
※叭叭！
ブブウ
以前沒什麼車，
可以安心的在路上玩呢。
眼睛有點花花的。
好像是光化學煙霧，回家吧。
以前可以悠閒自在的過活，真好。
也沒有考試壓力⋯

※光化學煙霧：由車輛排放的廢氣經過太陽的照射，產生化學作用的環境汙染。

以前的話，連學校都沒有呢！
以前真好……
那可不一定喔。
不，一定是以前比較好!!
大雄!!作業寫完了嗎!?
以前的小孩子，也不會有這種回憶。
原來如此……
對了！
暫時去以前的世界生活看看吧。
別鬧了。
你一定無法在以前的世界存活的。
才沒有那種事。
我如果喜歡那裡，可能就不回來了。啊哈哈哈～
總之，回到連學校都沒有的過去吧。

超強能源尋寶機Q&A

Q 俄羅斯的奧布寧思克核電廠約在距今一百年前便開始運轉。這是真的嗎？

果然還是以前好。
連空氣的味道都不一樣。
還沒有學校，後來會建在那座山下。
那裡是靜香家。
那邊是小夫家。
現在什麼都還沒蓋。
這一帶是商店街的話……
河流應該就在那吧？
有了、有了，好多魚喔！

A 假的。一九五四年才開始運轉。自那時起，將核能用於非戰爭用途的時間距今也不過六十年。

可是……
就算有魚……
抓不抓得到，又是另一回事。
※噗通
※潑答答
グッタリ
我膩了，回去吧！
容易放棄，就是我的優點。
看吧！
早就說過你不適合以前的世界了吧？啊哈哈哈哈哈哈哈。
還好附近就有村莊，得救了。
怎能回去呢!?
就算逞強，也要住下去。

超強能源尋寶機Q&A

Q 火燃燒後可帶來光亮與溫暖，所以人類主要將火使用在照明與溫暖房間。這是真的嗎？

A 假的。人類當然會將火使用在照明與溫暖房間，但最重要的功用還是烹調。

不好意思。
可以讓我寄宿一陣子嗎？
※靜
シーン
一個人也沒有。
進來等吧。
沒有榻榻米啊……
好像很窮的樣子。
家裡空空的……
是去海水浴場玩了嗎？
※嘎～嘎～
カア
カア
鼾～

你從哪來的？
呃…很遠的地方…
回不去了嗎？真可憐。
那你就住下來吧！
以前的人真親切。
真難吃!!
※扒飯
這是什麼啊？
用穀子泡的飯啊。
※大口扒飯
穀子!?怎麼不煮米呢？
那太奢侈了，又不是過節。
用菜葉煮的湯配上醬菜…
好想吃咖哩飯或漢堡喔。
吃完飯的話，就睡覺吧。
這麼快？至少要玩到九點左右吧!?
玩？玩什麼？

超強能源尋寶機Q&A

Q 距今約六千年前，人類因為烤麵包而開始使用火。這是真的嗎？

A 假的。人類開始使用火的原因已不可考，但早在麵包出現的數十萬年前便已開始使用火。

電視…沒有啊。
漫畫…也沒有。
就算有，這麼暗也不能看啊。
別浪費油了。
フッ
早知道就找有錢人家借住了。
※嗡
ピシャ
※啪
蚊子！
※呼
有跳蚤!!
別在意那些東西！明天還得早起呢。
睡過頭了!!
上學要遲到了……
不去上學也沒關係。

Q 木頭會燃燒是因為木頭中的碳與空氣中的氧結合後產生化學反應的關係。這是真的嗎？

A 真的。碳與氧結合為二氧化碳的時候，便會放出熱能。火會燃燒，也是一種類似的化學反應。

有更適合我的工作嗎？
那麼，你去幫忙取水吧。
每天都要去取水嗎？來回要好幾趟呢！
挖個井就好了吧？
這一帶再怎麼挖，都不會有水的。
ザバ
※嘩啦
哇！好重!!
肩膀好像快要被壓扁了。
走不動了!!
バシャ
※啪噠
算了，你休息一下吧。
抱歉。

Q 人類會使用火之後，才開始食用米、麥等各種植物。這是真的嗎？

太好了，哆啦A夢不在。
※大口吃
パク パク
ガツガツ
ズルズル
我不是要回來喔。
只是回來吃點心而已。
工作做完了嗎？
來玩吧。
現在要來做家裡的工作。
※劈
パーン
我來幫忙吧。
你應該沒辦法吧。
沒有電力和瓦斯，真是不方便啊。

A 真的。事實上，許多植物如果沒有經過水與火加熱處理，吃起來會又苦又澀，當中的養分也無法被人類消化吸收。

什麼時候會做完呢？
工作是做不完的。
就連很小的孩子，也有工作做。
回來啦。
唉……
怎麼了？
今年的收成，恐怕不好。
果然……
因為乾旱一直持續……
把河裡的水引到田裡就行了啊。
那是隔壁村的河。
隔壁村也缺水啊。
要是把水引過來，會發生流血衝突的。

超強能源尋寶機Q&A

Q 人類學會加熱烹調後，使得原本無法食用的動物生肉也可加熱後進食。這是真的嗎？

A 假的。例如在舊石器時代，雖然並不清楚當時的人類會不會使用火，但比起植物，據說動物才是人類的主食。

這樣湊不齊年貢啊……可是不交，會被抓去關的。
年貢？
啊啊，是要獻給藩主的稅金啊，真是傷腦筋……
唔……唔……
爹，您怎麼了!?
振作點!!
哇，好燙啊。
得去叫醫生來才行。
我去找醫生來!!
在哪？
隔壁村的隔壁村。
沿這條路一直走，大約三日里。

※1日里＝3.927公里

※1日里＝3.927公里

她說三日里……
那不就有十二公里嗎!?
沒有公車或計程車…
這下麻煩了。
好暗喔……
在我們的時代，這裡是車站前的商店街，應該是燈火通明的啊……
好痛!!
呼…呼…我已經不行了…
雖然很丟臉……
ニヤニヤ

※呵呵

超強能源尋寶機Q&A

Q 透過加熱烹調來食用穀類的人類為了進行農耕，於是開始飼養動物。這是真的嗎？

假的。據說人類最初飼養動物就是為了食用。

※發光

哇！好刺眼!!
不用怕，這是人工太陽。
咦…真討厭，我還以為是醫生，原來是狸貓啊。
別在意了，快救病人吧！
「醫生手提包」。
ピコ ピコ ピコ
※嗶嗶嗶
是肺結核。
以前雖然是不治之症，但是現在已經有藥可以治療了。
等體力恢復後，就能痊癒了。
チュバ
※噴
得補充營養才行。
湯、肉和魚的罐頭。
這麼硬，沒辦法吃啊。
用這個打開。

超強能源尋寶機Q&A

Q 為了將小麥製成麵粉製作麵包等食物，所以在距今約兩千年前便出現風車與水車。這是真的嗎？

這、這麼好吃的東西，我從沒吃過!!
妳也來吃吧，還會再拿來的。
還有一個很重要的問題。
原來如此，日照讓作物無法生長？
「天氣箱」。
※嘩啦嘩啦
放進下雨的卡片。
※嘩啦啦
下雨了!!
喔喔!!
ザァ
ザァ
ザァ
ザァ……

A 真的。雖然不清楚風車與水車的確實起源，不過的確在西元前便出現，並用來製作各式粉末。

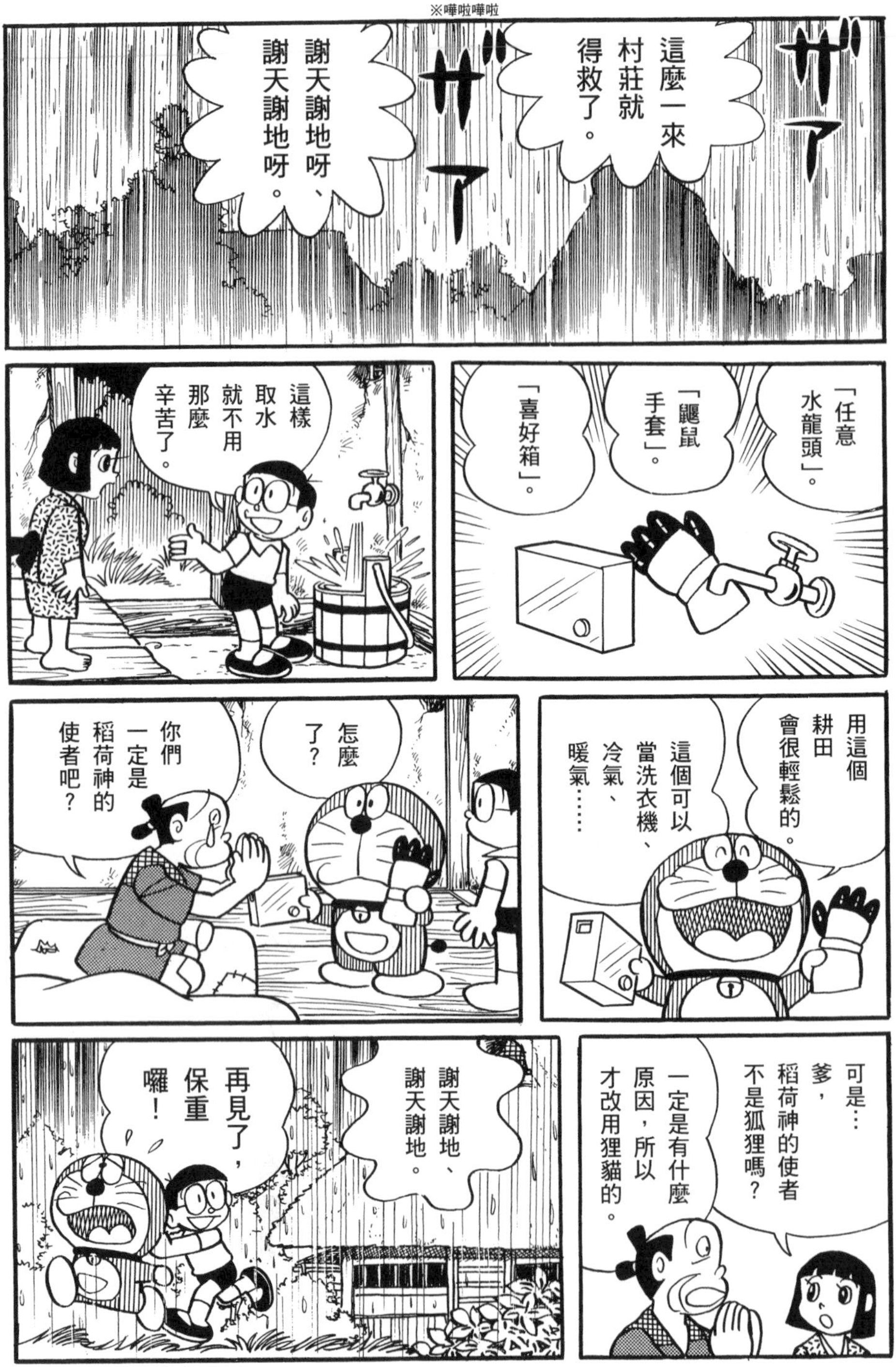

ザァ
ザァ
※嘩啦嘩啦
這麼一來村莊就得救了。
謝天謝地呀、謝天謝地呀。
「任意水龍頭」。
「鼴鼠手套」。
「喜好箱」。
這樣取水就不用那麼辛苦了。
用這個耕田會很輕鬆的。
這個可以當洗衣機、冷氣、暖氣……
怎麼了？
你們一定是稻荷神的使者吧？
可是…爹，稻荷神的使者不是狐狸嗎？
一定是有什麼原因，所以才改用狸貓的。
謝天謝地、謝天謝地。
再見了，保重囉！

超強能源尋寶機Q&A

Q 過去人類會用火把水煮沸，用來製作可乘載人類的交通工具。這是真的嗎？

A 真的。蒸汽火車便是將水煮沸後，利用水蒸氣膨脹所產生的力量來行走。火力與核能可用於發電，其實靠的也是水蒸氣。

你還覺得以前比較好嗎？
嗯……
……
不管是哪個時代，大家都努力過活啊。
沒錯。
我們也該為了讓我們的時代更好，得好好努力才行!!
你有好好努力嗎？
作業呢!?
還是以前比較好!!

就算有，
這麼暗
也不能看
啊。

人類最初使用的能量到底是哪個？

水力、火力、風力、動物力

使用火的歷史超過數十萬年，自古便是最常被使用的能量

如同前一章所說，地球是能讓人類生存的溫暖地方，且地球上可供食用的植物或動物，也幾乎都是靠太陽能量的恩賜養育而成。雖說提到人類的歷史便一定會提到太陽的能量，但人類第一個下了許多功夫後才有辦法使用的能量卻是「火」。

我們並沒有辦法精確得知，人類究竟是什麼時候開始用火。不過可以確定的是，人類使用火的歷史應該超過數十萬年。

而人類開始使用家畜的力量來耕種，或是透過船帆來運用風力航行於河川或海洋，都只不過是數千年前的事情。

火是一種化學能量。即使是以相同的元素或化合物組合成的物質，為了排列出特定的組合，便需要不一樣的能量。如

插圖／佐藤諭

百萬年前～數十萬年前
約 7000 年前
約 6000 年前
1
2
3

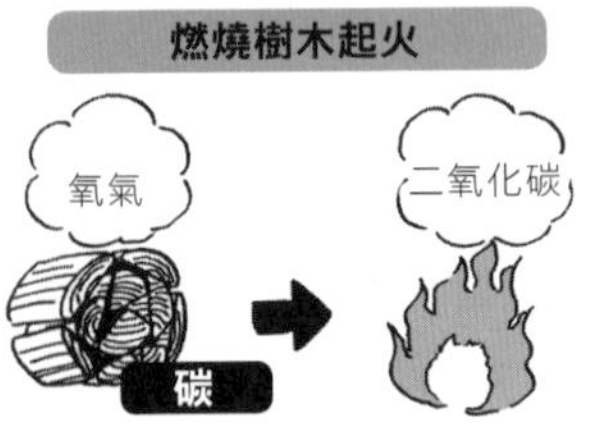
燃燒樹木起火
氧氣
碳
二氧化碳

▲ 木頭裡的碳與空氣中的氧氣結合後，變成二氧化碳，並開始燃燒。

燃燒後的二氧化碳會比較輕
氧氣
碳
二氧化碳

▲ 燃燒過程中除了產生二氧化碳，還會因分子間的化學能變化產生熱能。二氧化碳質量還要加上因燃燒不完全等因素而產生的其他物質質量才會等於氧氣＋碳的質量。

插圖／佐藤諭

右圖般，木頭在燃燒前所擁有的「碳與氧氣」，在燃燒後轉化而成的「二氧化碳」，便是以相同數量的相同元素所生成。但只要改變一下排列組合，便以釋放出如火（熱）一般的能量，並反過來吸收附近的能量。

上國中的時候會學到，若將燃燒前與燃燒後完整收集到的物品拿來秤重，重量幾乎是一樣的。此現象稱為「質量守恆定律」。碳與氧氣燃燒時，除了產生二氧化碳還會產生綜合氣體等，並且會在過程中因為分子間的化學能變化產生熱能。而燃燒後的總質量是不會有所改變的。

暗夜與寒冬都不再困擾！肉類也可安心食用！

起初，人類並不知道怎麼生火，所以據說他們會取用自然發生的野火。因為這樣的火得來不易，為了不讓它熄滅，部分的人類開始聚集夥伴，過著集體的社會生活。不久，人類發現了鑽木取火或使用打火石生火等方法，也知道如何更有效率的使用火。

多虧有了火，讓人類在黑夜或寒冷的區域也可以繼續活動，還能透過火來保護自己不受野獸傷害。但讓人類更加繁盛的關鍵，是因為他們開始懂得「加熱烹調」。即使在醫學如此進步的現在，因為與野生動物接觸而發生嚴重感染的狀況也時有所聞，尤其容易發生在進食野生動物時。然而透過加熱烹調，不但能殺死有害的病菌、讓食材更加安全，還可以幫助保存食物，對促進營養吸收也有幫助。火的能量增加了食物的多樣性與品質，也幫助增加了人類的數量。

生肉可能造成疾病
?
加熱過的肉可較安心保存

插圖／佐藤諭

食物的種類增加，烹調方式也更有效率！

苦澀不能吃的橡實只要煮熟就能成爲營養豐富的主食！

左圖是在日本山形縣的押出遺跡（譯註：「押出」為地名，押出遺跡位在山形縣高畠町）所發現的繩文土器。這件距今約五千年前由居住在日本的繩文人所製作的器皿，外圍充滿了煤灰與燒焦的痕跡。看起來，繩文人似乎將這件器皿當做鍋子般用來烹煮食物。而這樣使用火來「煮食」的方式，對人類的飲食生活有著巨大的影響。

影像提供／日本山形縣優雲風土記之丘考古資料館

繩文人似乎經常食用橡樹的果實；橡實在秋天可以大量收集，乾燥後可長時間保存，可惜它的味道又苦又澀，沒辦法直接食用。

特別專欄

將樹果壓碎後做成餅乾！

下圖是在押出遺跡中發現的餅乾狀碳化物，這個餅乾是由可生食的栗子與核桃壓成粉狀，捏製後燒烤而成。有人認為，他們已經懂得在肉類中加鹽。難道說學會用火的繩文人也變身為美食家了嗎？

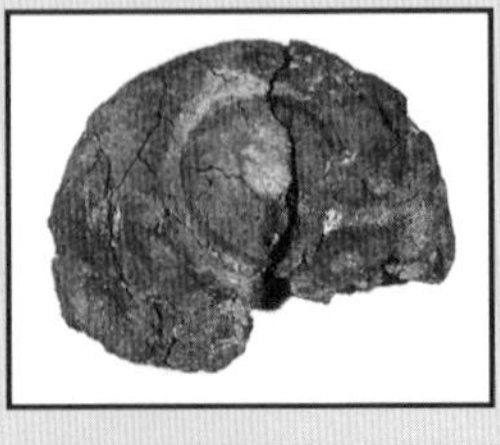

影像提供／日本山形縣優雲風土記之丘考古資料館

如果橡實可以吃的話，能養活很多人……。就在那個時候，使用火「煮食」的方式出現了。橡實煮熟後就不再又苦又澀。當橡實能食用之後，因為數量很多，使得食物的數量相對更加穩定。

現今，有許多食材在煮食後都能供人類食用，大家常吃的米就是其中之一。如果把米拿來生食，不僅很硬，當中的養分也幾乎沒辦法被人體吸收。用水煮米，也就是煮成飯後，米中的養分便很容易被人體吸收，讓米變成可食用的食材。

活用動物力來耕種大地；活用風力在河川與海洋上遠颺

人類在發現電力之前，所使用過的能源除了前面提過的火之外，還有動物力、風力和水力等。在火之後登場的便是動物力。

人類開始豢養動物是為了要吃肉。由於人類在養分上需要動物性蛋白質，比起時常需要出門打獵，飼養動物似乎更加輕鬆。剛開始豢養的是像山羊、綿羊等動物，並沒有大型的動物，但不久後，牛或水牛等大型動物也開始家畜化。利用這些動物的力量可以幫忙耕種，也可以幫忙載運收穫的作物。這一切大約開始於距今約七千至六千年前。

接著出現的是能使用風力的道具。距今約六千年前，在埃及的尼羅河、美索不達米亞的底格里斯河、幼發拉底河上，已經出現利用風力來往行駛的帆船。

不久之後，利用風力與水力作為能量來源，得以從事如汲水、製粉等各種不同工作的風車與水車也接連出現。雖然起源不詳，但風車與水車的發明時間大約在距今兩千多年前。

插圖／佐藤諭

特別專欄

利用風車與水車將小麥製成麵粉

風車與水車在歐洲是常見的工具，因為歐洲人的主食多半是由小麥製成。日本常吃的米，只要去掉外層的殼便可整顆炊煮食用。但小麥的殼很難去掉，而整粒的麥子又無法食用，只好磨成粉後再進一步烹調。因此為了製作麵粉，風車與水車在歐洲越來越普及。

即使把小麥磨成粉並加水混合，如果不加熱，其養分也不容易被人體吸收，這一點和米飯倒是異曲同工。

沒有電力和瓦斯，真是不方便啊。

用火將水煮沸後可以做出很厲害的事！

瓦特發明的蒸汽機是工業革命的原動力

風車與水車都是利用自然的力量為動力源頭的工具，但萬一風不吹了、河川的水變少了，風車與水車便不會動了。取而代之的，是瓦特以蒸汽的力量為動力源頭的機器。這台機器被稱為蒸汽機。那是發生在一七六九年的事。

水一旦變成水蒸氣之後就會大量膨脹，而蒸汽機便是把這樣的力量當做動力來使用。利用蒸汽讓機械運作的概念，雖然以前就有，但經過瓦特改良後，再加上當時可以用很便宜的價格取得煤炭，蒸汽機很快就普及了起來。十八世紀後半的英國將原本用來推動紡織機的水車，以及為了幫助挖掘煤礦的礦坑排水用的機器，全都改用蒸汽機為動力來源。經過這樣的工業革命，讓英國國力快速成長。蒸汽機，可以說是讓英國在當時成為世界第一強國的原動力。

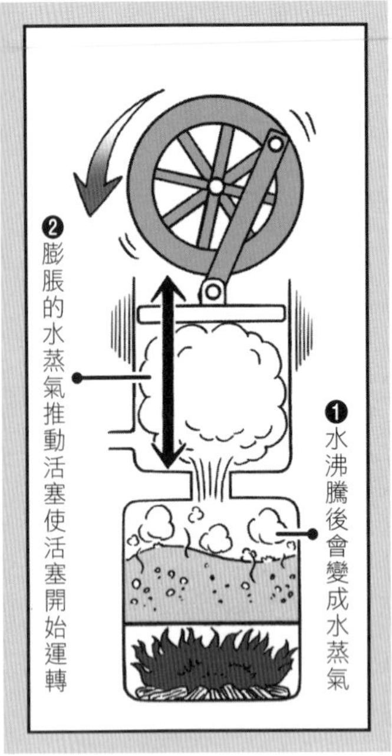
❶水沸騰後會變成水蒸氣
❷膨脹的水蒸氣推動活塞使活塞開始運轉

插圖／佐藤諭

特別專欄

燃燒汽油的引擎也登場了

取代蒸汽推動活塞的方式，改將活塞以筒狀包覆，並在筒中燃燒燃料，讓燃燒後的氣體膨脹後推動活塞，這樣的機械稱為「內燃機」。現今使用於車輛上的汽油引擎，便是使用汽油為燃料的內燃機。

第一部實用的內燃機，是在1860年由法國的勒努瓦（譯註：勒努瓦其實是比利時人，只是後來定居在法國）製作而成。隨著比蒸汽機動力更大且效率更好的內燃機逐漸獲得改良，除了一般車輛以外，內燃機也被廣泛使用於摩托車、飛機引擎等機械上。

超級電池

還我啦。
你為什麼要把球裝在電燈上？
啊啊…你把燈泡打破了啊。
你真的很笨耶。
等到晚上不就穿幫了嗎？
用手電筒還好一點。
這個太暗了，不行啦。
使用這個「超級電池」就沒問題了。
裝上這顆電池…

超強能源尋寶機Q&A

Q 掌上遊戲機等機器使用的電池會發電，是因為發生和燃燒一樣的化學反應。這是真的嗎？

A 真的。不可充電的碳鋅電池和鹼性電池以及可充電的鋰電池等，都可統稱為「化學電池」。

好棒的電池喔。
裝在我們家所有的電器上吧！
不行啦。
動力太強是很危險的。
那就裝在你身上。
我停不下來啊。
好強的效力!!
裝在吸塵器上吧！
吸塵器沒有可以裝電池的地方，
那就隨便塞進去吧。

Q 火力發電與水力發電等，也是和電池一樣因化學反應而產生電力。這是真的嗎？

冰箱也裝。
裝在吹風機上應該很好玩。
其他還有很多…
不要把家裡弄亂啦。
客人就要來了。
你要用吸塵器嗎？
沒錯啊。
※吸～
ズッ
房裡的東西都被吸得亂七八糟。
又是你在惡作劇。

A 假的。火力發電與水力發電是透過推動發電機產生運動來發電。

Q 燃料電池是將當做燃料的汽油或酒精，經由燃燒來產生電力的電池。這是真的嗎？

請問有人在家嗎？
請進。
冰箱裡還有冰啤酒嗎？
※冷空氣
哈啾!!
突然變冷了喔。
我把電暖爐拿來了。
※熱氣
カーッ
好燙啊啊!!

A 假的。燃料電池是透過氫與氧交互反應，在產生水的時候同時產生的電力取出來進行供電，並不是透過燃燒汽油或酒精。

使用這個「超級電池」就沒問題了。

電力到底是什麼？

原子中的電子開始運動，電力便開始流動。

遊戲機、燈具、電視或空調，我們身邊到處都是只要沒電就不會動的東西。但是，電力到底是什麼？

這世上所有存在的所有東西，都是由很微小的原子集合而成。而原子，則由帶有正電的質子與帶有負電的電子組成。原子中的電子如果離開原本的原子核朝某個方向運動，「電力的流動」就會隨之發生。所以，其實並沒有一種東西叫做「電力」。

插圖／佐藤諭

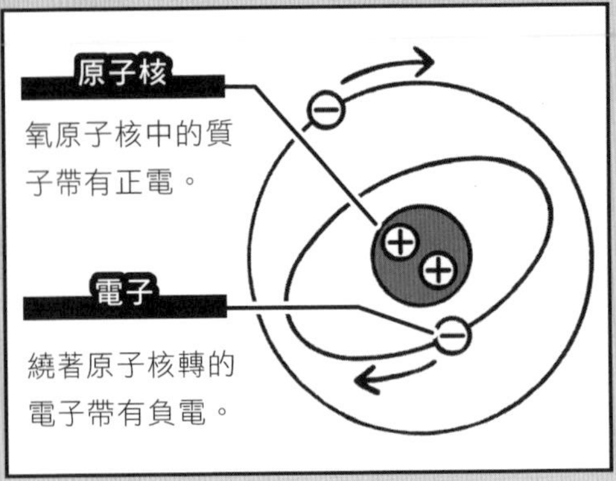
原子核
氫原子核中的質子帶有正電。
電子
繞著原子核轉的電子帶有負電。

一般的電子會圍繞在原子核周圍，並不會自由的活動。但在金屬的原子中，一部分的電子可自由往來於鄰近的原子間。如果將金屬兩端的正、負電極相連結，可自由活動的電子便會接收到由負極前往正極的引力，而開始向同一個方向運動。這便是讓金屬中的電力流動的過程。電力可以輕易的在金屬中流動，這是因為金屬擁有可自由活動的電子。

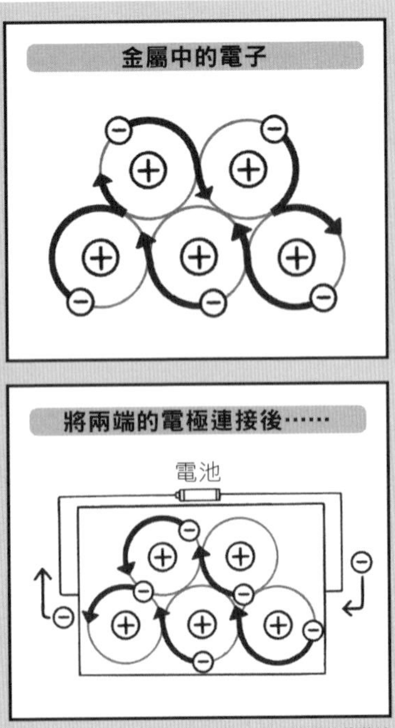
金屬中的電子
將兩端的電極連接後……
電池

插圖／佐藤諭

摩擦琥珀會吸附小塵埃，也是因為電力！

雖然統稱電力，但其實也分成許多種類，包括會聚集在衣服上劈啪作響的靜電，還有直流電和交流電。從這裡開始，我們將透過發現電力的歷史，進一步探索什麼叫電力。

電力的英文是「electricity」，語源則來自於希臘文的「elektron」。而在希臘文中，elektron的涵義為「琥珀」；琥珀是樹脂凝固後經化石作用所形成的物質。為什麼琥珀會是電力這個字的起源呢？

插圖／佐藤諭

越摩擦琥珀，
會吸附越多小塵埃……

在西元前數百年的希臘，人們發現摩擦琥珀後會吸附小塵埃、羽毛等輕薄的東西，因此他們知道當中產生了一種眼睛無法看到的力量。其實這就是靜電搞的鬼。

透過摩擦物品，可讓組成該物質的原子當中的電子開始移動，電子聚集在一起的地方形成負電，電子遠離的地方則帶正電，而蓄積在琥珀中的電力會將小塵埃吸附過來。

雖然人類有很長的一段時間都不了解這股力量的真面目，但慢慢的開始發現，摩擦琥珀以外的東西也會產生靜電，而且電力不只能吸附輕薄的東西，也擁有可把東西反彈出去的力量。

一七四六年，荷蘭科學家穆休布羅克（Pieter van Musschenbroek）發明了可收集靜電的「來頓瓶」（Leyden jar）。一七五二年，美國科學家富蘭克林，利用來頓瓶確認「雷」也是一種靜電。

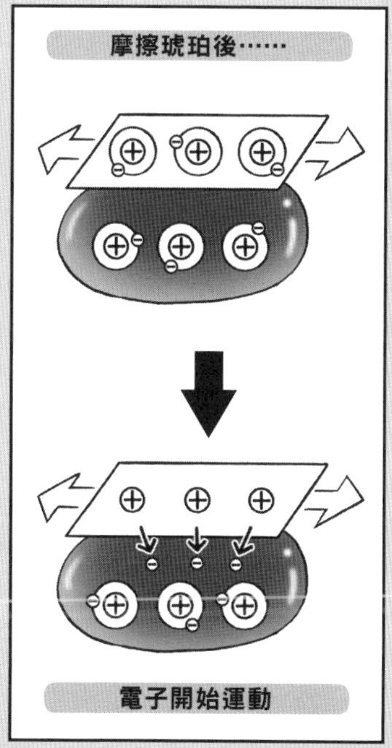
摩擦琥珀後……
電子開始運動

插圖／佐藤諭

為什麼電池可以儲存電力？

伽伐尼發現可從兩種金屬中產生電力

來頓瓶雖然可用於收集電力，但一瞬間就把電力放完了，沒辦法拿來當成電源使用。此處我們將介紹電池是如何誕生。

一七八〇年，義大利的伽伐尼（Luigi Galvani）將鐵與銅這兩種不同的金屬連接在一起並碰觸青蛙的腳時，發現青蛙的腳動了起來。當電力流動時使得青蛙腳產生痙攣。伽伐尼本身為動物學家，雖然是為了研究動物的身體構造而做了這個實驗，卻成為日後發明電池的起源。

插圖／佐藤諭

注意到這個實驗的人是義大利科學家伏打（Alessandro Volta）。他開始思考，只要使用兩種金屬，是不是不必透過青蛙腳也能產生電流？他在鋅與銅之間夾入浸溼鹽水的紙張，並以相同的方向重疊好幾塊鋅、銅與溼鹽水紙，接著觸摸最上端與最下端，出現了麻麻的觸電感，這就是「伏打電堆」（Voltaic pile）——世界上第一個電池。

在鹽水等電解質中放入兩種金屬並連接兩者，其中一種金屬會溶出於電解質中，使電力開始流動。當金屬開始溶解時，金屬所擁有的能量便轉化為電力。在伽伐尼的實驗中，青蛙的身體代替了電解質。除了金屬以外，也使用石墨進行過實驗。現今我們所使用的電池，其構造也大致與此相同。

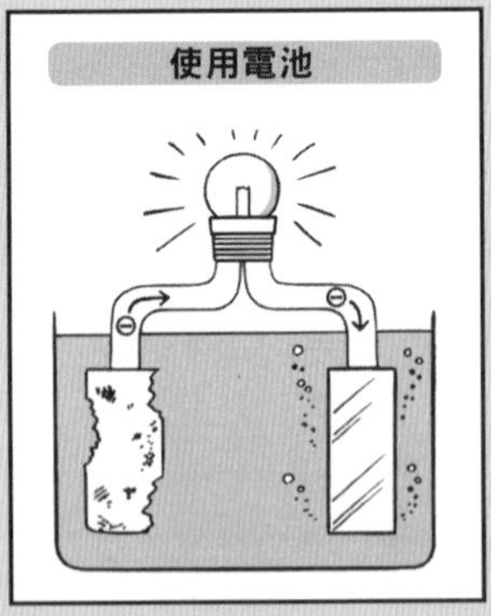

插圖／佐藤諭

插圖／佐藤諭

可充電電池的金屬溶解後可再還原

一次電池，是指用完就沒電的電池，當中的金屬一旦溶於電解質便無法再恢復。還有一種稱為二次電池，也就是可充電的電池。二次電池只要接上電源，溶解在電解質中的金屬就會還原，成為可再次使用的電池。與電池一樣固定由正極往負極流動的電力，稱為直流電。

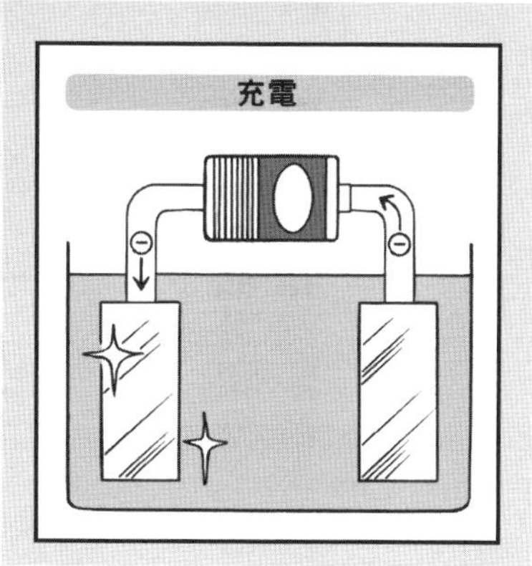

現在的電池越做越小，性能也越來越好。掌上遊戲機和智慧型手機之所以能夠越做越小、使用時間越來越長，便是因為電池變得更小、電力更強的緣故。所以，為了讓車體龐大的電動車能早日實用化，開發出輕薄短小但能量飽滿的電池是不可或缺的重要關鍵。

特別專欄

無汙染的「燃料電池」是為了探索宇宙而開發？

你聽過「燃料電池」嗎？使用燃料電池為動力的汽車不會排放出廢氣，是相當環保的車輛，因此，相關研究也正在發展中。它到底是什麼樣的電池呢？

將水通電後，氫與氧便會分開；相反的，如果把氧與氫結合產生水時，也會一併產生電力。將產生的電力取出，便成為「燃料電池」（詳見第 200 頁）。因為產生電力的時候只會同時製造出水，可說相當環保。

第一次實際使用燃料電池是在 1965 年，用來當做太空船雙子星 5 號的電源。在太空船上使用時，不但可以提供電力，供電時所產生的水還可當做太空人的飲用水。這種具有「一石二鳥」功效的燃料電池，也被使用在之後的阿波羅計畫中，為人類登陸月球出了一份力。

影像提供／NASA

電力與磁鐵間關係匪淺？

裝在我們家所有的電器上吧！
不行啦。

電力流動後磁鐵也會跟著轉，磁鐵轉動後會產生電力！

打雷的時候，位在落雷地點上的金屬就會變成磁鐵。雷本身就是一種電。這麼說來，電力與磁鐵間存在著什麼樣的關係呢？

一八二〇年，丹麥科學家奧斯特（Hans Christian Oersted）將通電電線放在指南針附近，發現指南針的指針動了。隔年，英國科學家法拉第（Michael Faraday）利用相同組合發明世上第一個馬達。雖然稱為馬達，但如上圖所示，只是將電線與磁鐵放進裝了水銀的器皿裡。但透過這樣的裝置，當電力開始流動後，電線就帶有磁力，使得電線和磁鐵開始轉動，與現今馬達使用原理完全一樣。

插圖／佐藤諭

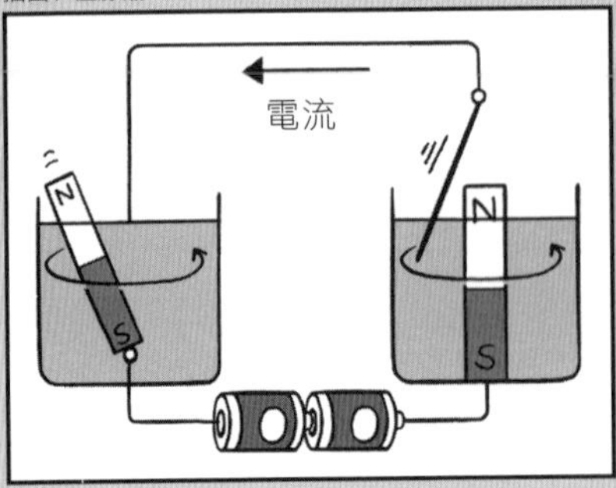
電流
N
S
N
S

法拉第還發現，如果移動磁鐵附近的電線，電線便會帶電。以這樣的發現為基礎，法國的技師皮克西（Hippolyte Pixii）於一八三二年製作出了發電機。如右圖，皮克西把磁鐵在電線捲成的線圈附近旋轉後產生出電力。這樣的發電機所產生的電與電池的電不一樣，磁鐵在旋轉並接近線圈時，靠近的是S極還是N極，產生的電流方向就會不一樣。可改變流向的電流就稱為交流電。在皮克西所製作的發電機上裝有稱為「整流器」的東西，是種可將交流電轉為直流電的裝置。

N
S

插圖／佐藤諭

現在經常使用的馬達或發電機裝置，其基本構造都還是使用電線所捲成的線圈與磁鐵。這種透過讓電流通過線圈產生磁力，再利用磁鐵相互的吸引力與排斥力來轉動磁鐵，並可使用於許多不同用途的發電裝置，便稱為「馬達」。在磁鐵附近利用火力、水力或核能等其他能量讓線圈轉動以產生電流，並將電流取出使用的裝置則為「發電機」。

各式電器陸續登場，電燈泡與電話，先出現的是哪個？

透過改良發電機，讓送電的電線更完善後，電力的使用就更加自由、多元，各項電器製品也隨之誕生。現在，只要稍微環顧一下家中，便可發現燈具、冷暖氣、電話、吸塵器、洗衣機、電視和遊戲機等各式各樣的家電製品。

這些家電當中，在家電發明初期便問世的產品有電燈泡（白熾燈泡）和電話。那麼在這兩者間，先被發明出來的究竟是哪一個？

答案是：電話。透過電力來通訊的想法比較早成形，例如使用摩爾密碼的電報，早在一八四四年就成功發明了。不久後，能將聲音轉為電信訊號的麥克風與喇叭都陸續問世，終於在一八七六年，美國科學家貝爾（Alexander Graham Bell）發明了電話。

白熾燈泡的誕生則在稍後的一八七八年。白熾燈泡的發明者常被誤以為是美國知名科學家愛迪生，事實上，首位發明白熾燈泡的科學家是英國的斯旺（Joseph Wilson Swan）。但他發明的燈泡壽命相當短，而愛迪生利用竹子當做燈絲製作的燈泡，不僅壽命較長且更實用。

▼當年愛迪生研究白熾燈泡時的實驗室，在美國博物館中被重現展出。

我把電暖爐拿來了。

有辦法更有效的使用電力嗎？

光就是光，熱就是熱！不要製造出多餘的東西！

前面提過，英國的斯旺所發明的白熾燈泡一下子就燒掉了。事實上，使用電力可以有更聰明的方法。

白熾燈泡在發光的時候也會發熱。讓斯旺的燈泡一下子就燒掉的元兇，就是「熱」。如果以燈具的功能只是提供光亮這點來考量，發熱根本就是件浪費且不需要的事。而最近發明的LED燈泡發熱量較小。LED電燈能省電的原因，就是因為它不會將能量花在衝到最大功率或發熱等不需要的地方。

以前也有如電熱器一般的暖氣設備。電熱器與電燈泡相反，在發熱的同時也會發出光線。這樣的光線也是不需要的。空調會比電熱器省電的原因，在於空調並不是利用電力讓空氣暖和，而是透過冷媒等氣體來利用室內外溫差，進而達成冷暖房的功效。為了特別目的而以特定方式來使用電力，可以避免能源浪費。

插圖／佐藤諭

白熾燈泡
好燙！
LED燈泡
不燙了！

特別專欄

LED燈泡與太陽能電池的原理是相同的？

可通電的物質稱為「導體」，完全不通電的則稱為「絕緣體」，介於中間的物質則稱為「半導體」。太陽能電池是將p型與n型半導體（註）相連後組成。

pn連接後的半導體特質在於一照到光線，電力便會開始流動，電力一開始流動就會發光。LED電燈泡當中的發光二極體，也是這類pn接合的半導體。就像馬達和發電機一樣，太陽能電池與發光二極體的基本構造也大致相同，都會因為能量流動方向不同而產生相反的作用。

（譯註：在純矽中摻雜少許的砷或磷，會多出一個自由電子，形成n型半導體。在純矽中摻入少許的硼，反而會少一個電子，形成一個電洞，也就形成了p型半導體）

電動滑雪杖

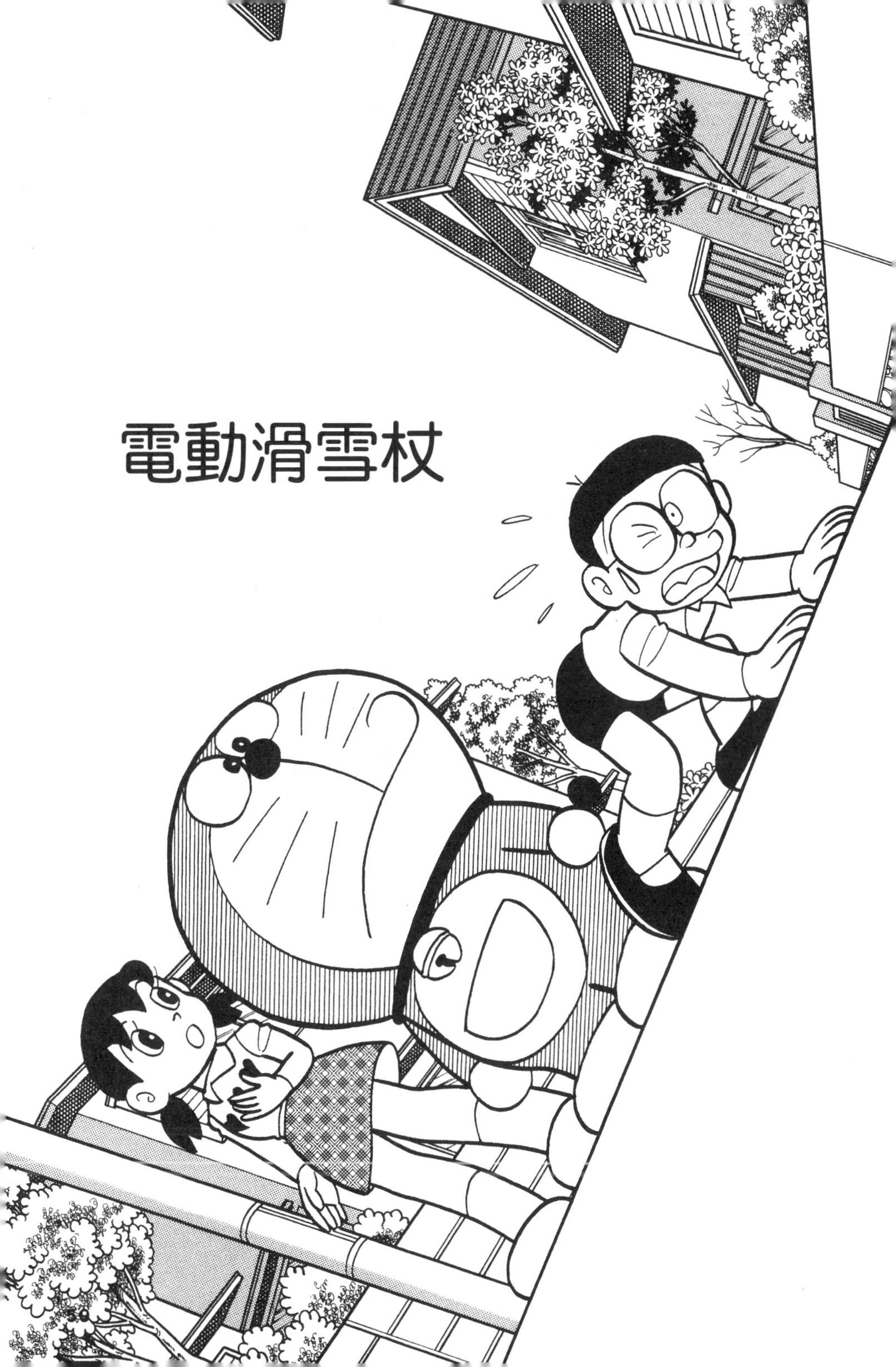

※咚
トン
※按
グイ
カチ
※晃動
ツ・ツ・・・
※咻～
沒問題，一切正常。
※喀嚓
這樣子就算冬天來臨也沒問題了。
※喀嚓
カチッ
※立好
ピタ
這是「電動滑雪杖」。
它可以改變重力的方向，讓水平軸傾斜……
也就是說，在滑雪場的上坡段，也能夠滑上去。
完全不用支付昇降機費用，就可以隨意上坡下坡。

Q 因溫度下降而讓電阻失靈的現象稱為什麼？

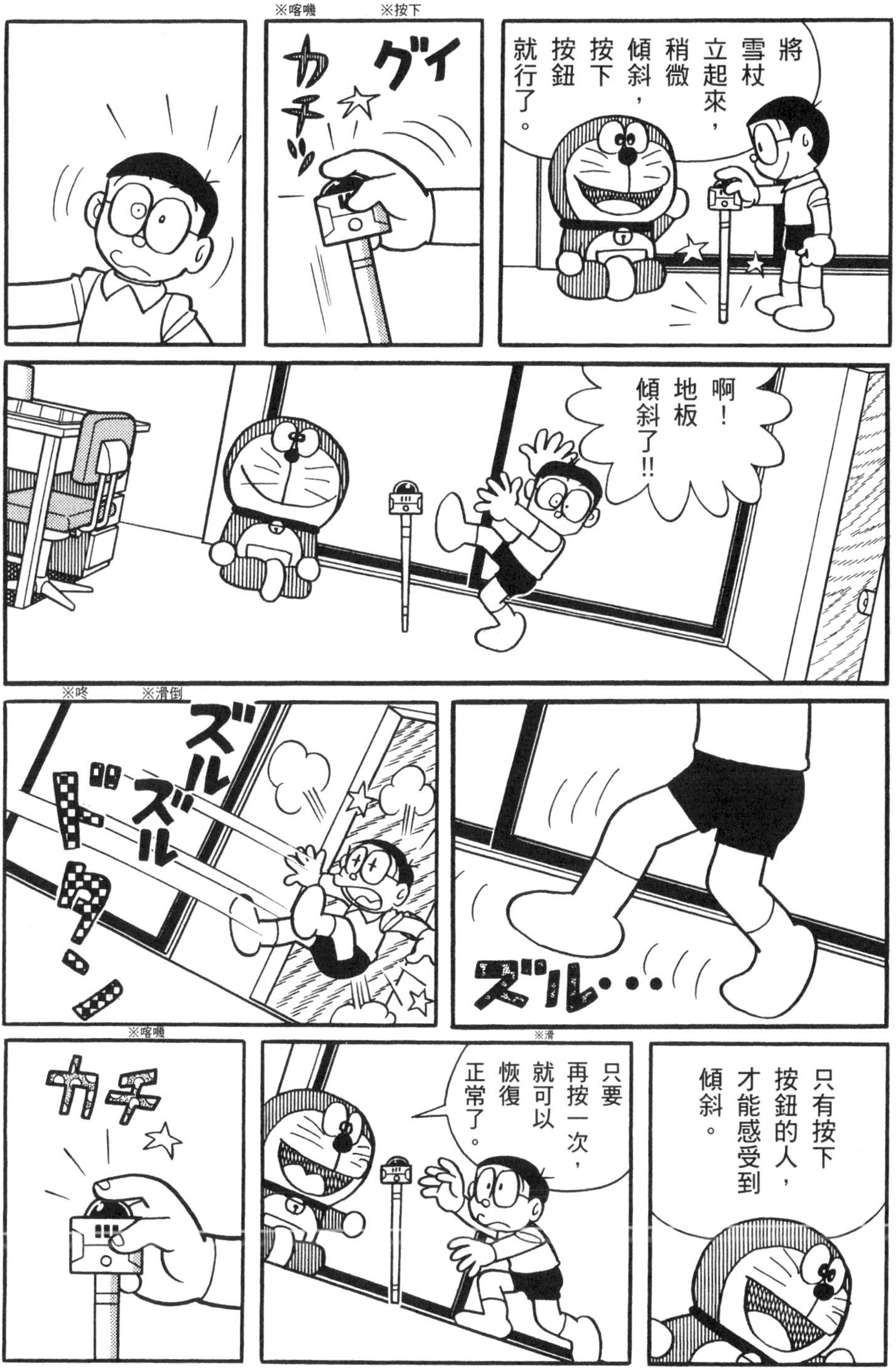
將雪杖立起來，稍微傾斜，按下按鈕就行了。
※按下
グイ
※喀嘰
カチッ
啊！地板傾斜了!!
※滑倒
ズルズル
※咚
ドターン
ズル…
※滑
只有按下按鈕的人，才能感受到傾斜。
只要再按一次，就可以恢復正常了。
※喀嘰
カチ

A 超導現象。因為電阻消失，使得能量可在無損失的情形下傳遞電力。

真有趣，借我一下喔。
那是限於滑雪場使用的道具。
平常應該也可以使用才對啊。
比方說……
只要把道路全變成下坡的話，
走起路來就很輕鬆，完全不會累了。
啦～啦～啦……
他怎麼走路姿勢那麼奇怪？
好怪的手杖喔，讓我看看。
呸～
你這傢伙!!

Q

用來表示電力單位的W（瓦特），代表的是1秒內所使用的能量。這是真的嗎？

A 真的。在1秒內使用達1J（焦耳）的能量，便表示為1W（瓦特）。

這坡可真陡啊。
上坡累得我喘不過氣來了，真討厭。呼—哈—
你這是成何體統，快把背挺起來走路！
老師，我把背挺起來了!!
不可以戲弄老師!!
グイ
※推
哇！
哇！
哇！
※滾滾滾滾
?
※碰

超強能源尋寶機Q&A

Q 爬山的時候，不論走哪一條路到山上，所耗費的能量都是一樣的。這是真的嗎？

A 真的。事實上，爬到相同高度所需的能量，無論走哪一條路都一樣。

超強能源尋寶機Q&A

Q 將可燃物與氧氣放在一起，就會自己燃燒。這是真的嗎？

天啊ー
不行，一看下面就會頭昏。
把眼睛緊閉……
加油！還差一步。
※踢
ドーース
唔啊…

A 假的。如果沒有能製造燃燒反應的能量，便不會產生火焰。

「能量」究竟是什麼？

所謂的能量，便是讓物體移動的力量！

你應該聽過吧？大人們吃了美味的一餐後會說：「能量充沛！」動畫中的機器人也會說：「能量是不可或缺的啊！」事實上，在日常生活中，「能量」這個名詞在許多時候都用得到，但在科學的世界裡，要使用正確的名詞才行。

首先，對物體施力讓它移動稱為「作功」。這和在社會上工作的「做工」涵義可是不一樣的，要小心分辨喔。

在科學的世界裡「作功所需要的力」，也就是「能讓物體移動的力量」，稱為「能量」。

插圖／佐藤諭

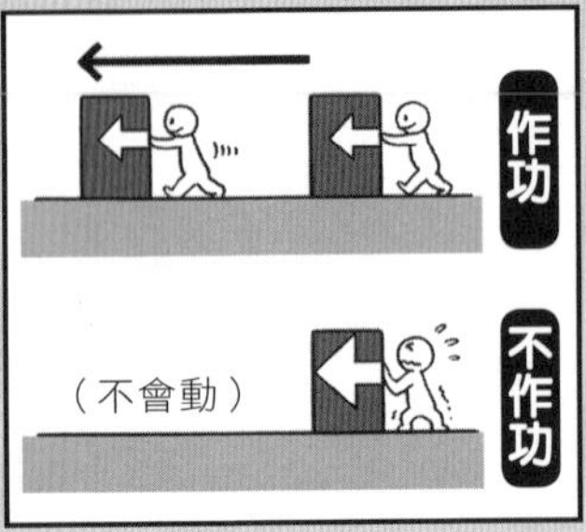

▲功＝力 × 距離。無論出了多大的力氣，如果物體沒有移動，便等於沒有作功。

運動中的物體擁有動能嗎？

保齡球碰到保齡球瓶後會將球瓶撞倒，在河川中流動的水會搬運石頭，如此這般，運動中的物體都具有移動其他物體的能力，也就是擁有了能量，這樣的能量便稱為「動能」。

運動中的物體若質量越大且運動的速度越快，其動能就越大。

插圖／佐藤諭

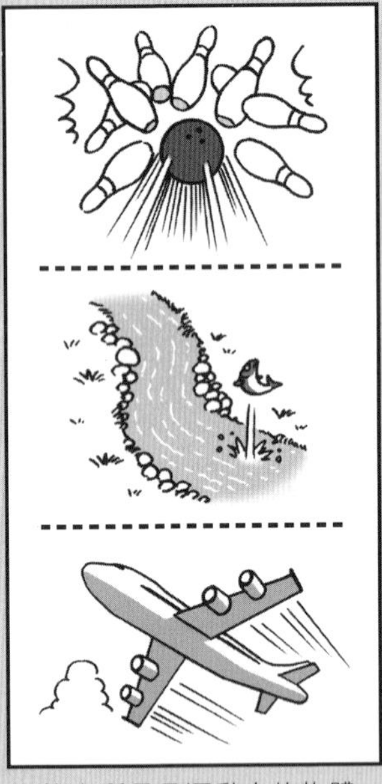

▲擁有質量且運動中的物體，都擁有動能。

靜止的物體也擁有作功的能力嗎？

事實上，許多當下沒有移動的物體，都擁有能使其他物體移動的能力。

例如，停留在高處的水雖然沒有動能，但可以藉由讓水落下，來移動水車等物體。換句話說，因為可將位在高位這件事視為擁有實際的能量，因此可以稱之為「位能」。質量越大的物體位在越高的地方，位能也跟著越大。

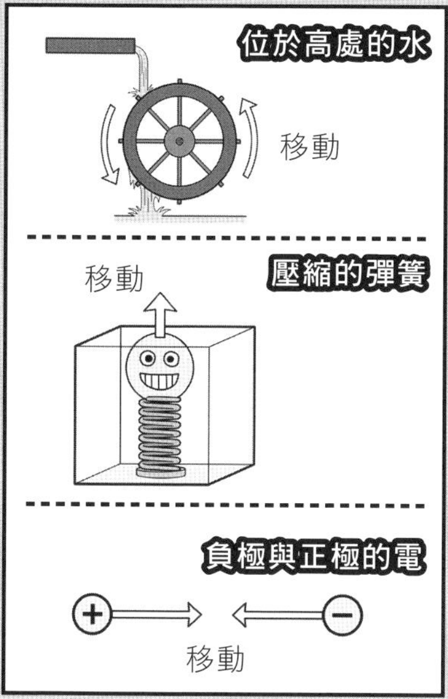
位於高處的水
移動
壓縮的彈簧
移動
負極與正極的電
移動

▲上述每個物品都在原本的位置，卻仍擁有可移動其他物體的能力。

插圖／加藤貴夫

此外，壓縮的彈簧一旦開始運動也可以移動物體，因此也是屬於擁有位能的物體。另外，帶有電力的物體可透過相吸或相斥來移動物體，因此也算擁有位能。

運動中的物體所擁有的「作功的能力」是「動能」，靜止不動的物體因所處的位置所擁有的「作功的能力」，則叫做「位能」。這兩種都是本書後面會出現的許多不同能量的基礎，大家都搞清楚了嗎？

特別專欄

車輛的行駛速度變快 2 倍後，動能會變爲幾倍呢？

速度變為 2 倍後，動能便是 2×2 ＝ 4 倍，速度變為 3 倍後，動能便是 3×3 ＝ 9 倍。

發生車禍時的損傷情形也會受到速度的影響，所以開車或溜冰的時候都要小心，千萬別太快呀！

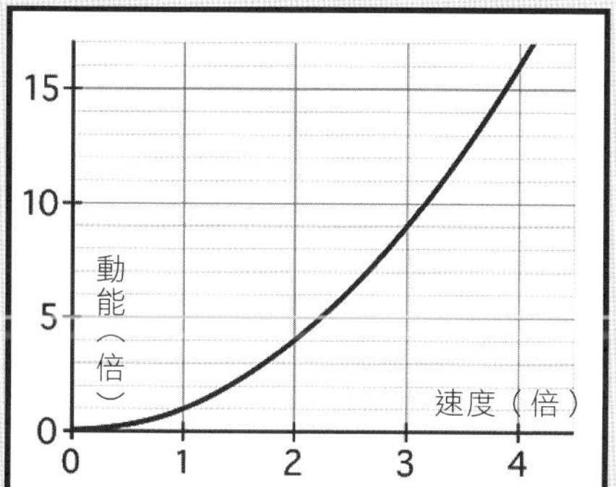
15
10
5
0
動能（倍）
速度（倍）
0
1
2
3
4

◀隨著速度增加，動能也會跟著快速增大。

插圖／加藤貴夫

這是「電動滑雪杖」。

原來能量有這麼多種類！

能量雖然擁有可作功的能力，但擁有此能力的東西不一樣，便會出現不同的種類。

首先，能讓電腦和洗衣機運轉且在日常生活中幫我們最多忙的就是電能。它的原理來自於電子的動能帶著負電的電子開始流動，進而做出許多不同的「功」。

此外，熱能也是我們很熟悉的能量之一。它的原理是透過原子或分子所擁有的動能讓物質溫度升高，讓物質當中的原子或分子展開激烈的運動。這時碰觸該物質就會有「好燙！」的感覺。

住在地球上的我們絕對不能忘記的還有光能（太陽能）。植物吸收了太陽的能量後轉化成養分，而攝食這些植物的動物也因此得以生存。除了人眼可見的「可見光」之外，還有X光、伽瑪射線等放射線，以及紅外線與電波等。

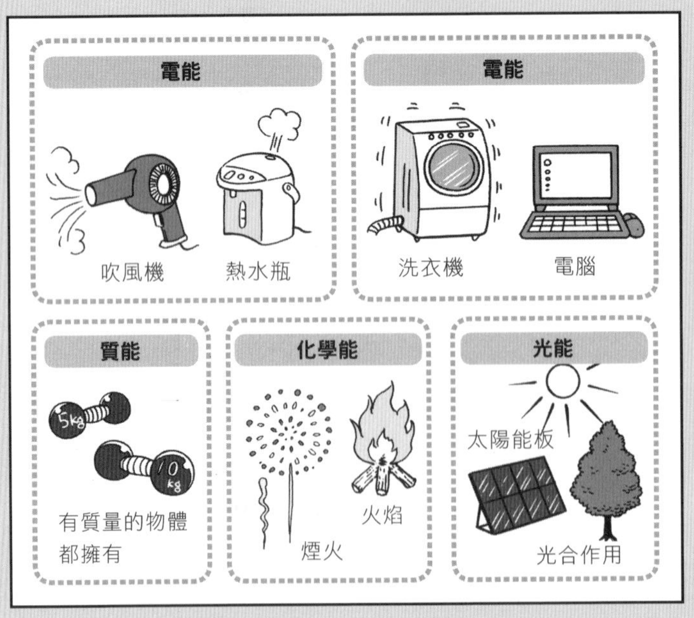
電能
吹風機
熱水瓶
電能
洗衣機
電腦
質能
有質量的物體都擁有
化學能
煙火
火焰
光能
太陽能板
光合作用

▲ 能量雖然有很多種類，但並無法嚴格的進行區分。

插圖／佐藤諭

還有，聲音會振動空氣，然後將此振動傳到耳朵裡去振動耳膜。也就是說，聲音擁有可振動空氣的動能。

原子是由帶有正電的原子核與帶有負電的電子所組成，因此擁有位能。如果透過化學反應使原子的組成發生變化，改變了電子的位能，便會造成化學能的流動。例如，讓物體「燃燒」這項化學反應，會讓電子所擁有的位能變小，進而轉化生成各種不同的能量。

若往更微小的世界探索，便會發現原子核也蓄積了能量。構成原子核的質子與中子擁有相互的吸引力，因此在它們所處的位置上也擁有位能。若引發核分裂或核融合等反應，便能讓位能變小並產生出核能。

在物質內部蓄積的能量稱為內能。質量越大，作功的能力也越大。

能量的種類可以改變！

球從高處落下後，高度變低，但速度變快。也就是說，原本的位能轉變成動能。在類似的狀況下，能量的種類便發生了改變。其他還有如吹風機將電能（電子的動能）轉為熱能（原子、分子的動能）；電池充電時，將電能轉為化學能（電子的位能）。

大家在使用各種工具時，也可以好好思考當中究竟發生了怎樣的能量變化喔！

▼鐘擺雖然不斷進行著位能與動能的轉換，但合計的能量並沒有改變。

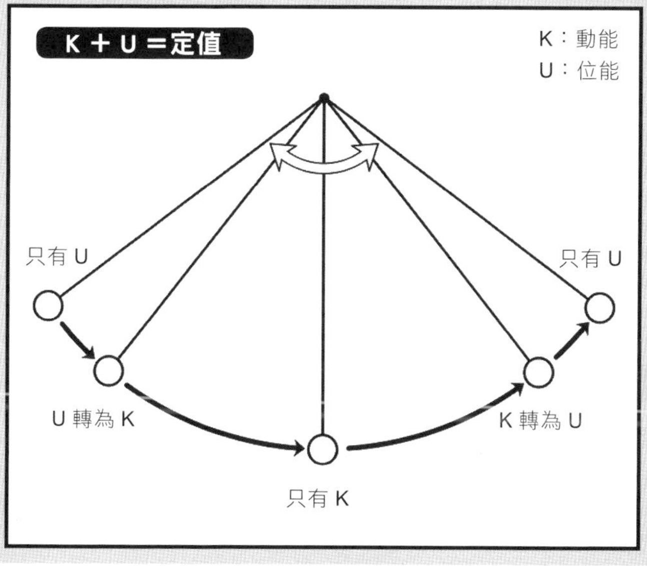

K＋U＝定值
K：動能
U：位能
只有 U
U 轉為 K
只有 K
K 轉為 U
只有 U

插圖／加藤貴夫

能量並不是無所不能的魔法！

能量不生、也不滅？

談到能量時，有件事絕對不能夠忘記，那就是「能量守恆定律」。

在第七十一頁中寫道，鐘擺的動能與位能加總起來的量一直是相同的，但實際上，隨著鐘擺的運動越來越減弱，兩者的能量都會隨之歸零。這時候，能量跑去哪了？事實上，原本的能量已經透過鐘擺與空氣的摩擦，以及鐘擺繩與擺架根部的摩擦而轉為熱能。

吹風機雖然能將電能轉為熱能，但只要把開關關上，便不可能持續維持熱度。這時，吹風機附近的空氣會緩緩變暖，讓熱能逐漸擴散出去。

這麼一想，就可以理解宇宙整體的能量永遠都是恆定的。

不過，因為能量就是「能讓物體移動的力量」（詳見第六十八頁），因此根據「能量守恆定律」，作功的量也就不會有所改變了。

如下圖，在使用滑輪時多下點功夫，就可以花一半的力氣舉起重物。但是由於此時使用的繩長為原本的兩倍，所以作功的量並沒有不同。

大家應該都有過這種經驗吧？為了讓腳踏車的齒輪踩起來比較輕，需要多裝很多個齒輪才辦得到。

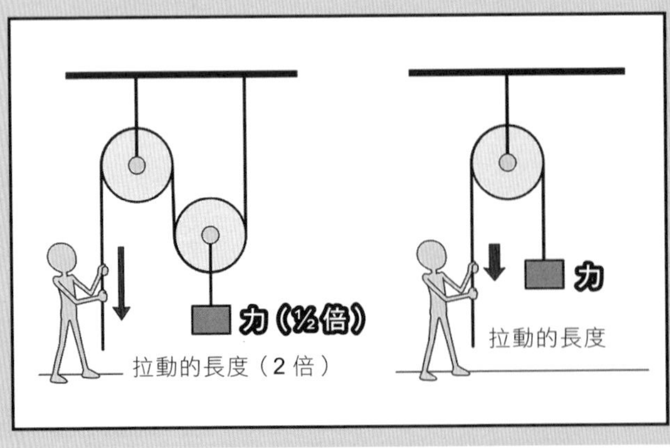

◀雖然使用工具可以更省力，但所作的功，也就是能量，並不會有所變化。

插圖／加藤貴夫

插圖／加藤貴夫

能量沒辦法隨意被改變嗎？

將某種能量轉為其他能量時，並無法完全「隨著自己的想法」來轉換。

例如，照明燈具的目的是將電能轉為光能，但有一部分的能量會轉為熱能與看不到的光能。也就是說，能量在進行轉換時，可能會出現能量被浪費掉的情形。

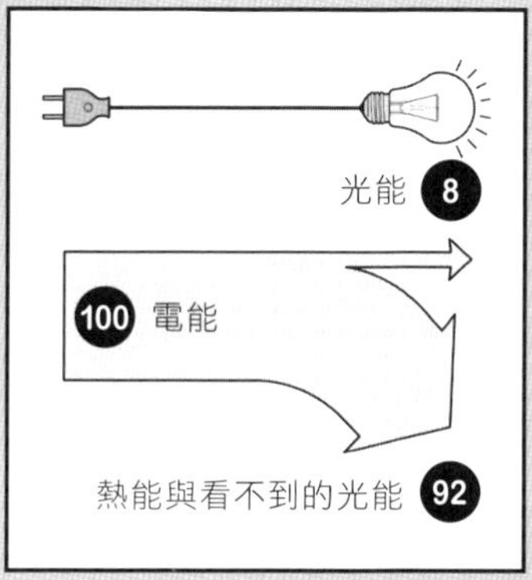

◀白熾燈泡幾乎把大部分的能量都浪費掉了。

能將多少的能量依目的成功轉換的過程，稱為「能量轉換效率」，而白熾燈泡的能量轉換效率不到百分之十，百分之九十以上的能量都被浪費掉了。日光燈的能量轉換效率為百分之二十，LED約為百分之三十至五十，比起白熾燈泡的確少浪費了很多能量。

在思考發電方式時，「能量轉換效率」也是個重要的考慮關鍵，大家都學會了嗎？

特別專欄

知道用什麼單位計算，能量就不再那麼陌生！

在科學的世界中，會以加上「單位」的數字來表記，例如長度是公尺（m）、質量是公斤（kg）、時間是秒（s）等。

能量的單位通常是焦耳（J），但還有其他很多的單位。

例如，提到熱能與養分時使用的單位是卡路里（cal）。讓 1g 的水上升攝氏1度所需要的能量便是1卡路里，而1卡路里則等於4.184焦耳。

此外，提到電力時使用的單位是千瓦・小時（kWh，或簡稱為「度」）。若將 1 千瓦的電持續使用 1 小時，便稱為 1 千瓦・小時，等於 360 萬焦耳。家裡每兩個月應該都會收到一張寫著「幾月～幾月使用多少度電」的收費單，下次記得仔細看看。

提到原子和電子，在它們微小的世界中以電子伏特（eV）為能量單位。以 1 伏特（V）的電壓對 1 個電子進行電位差加速時所收到的能量，稱為 1 電子伏特。這是非常微小的能量，1 電子伏特約為 1.6×10^{-19} 庫侖，連 1 億分之一焦耳都不到！

情感能量罐

遙控車的電池用得很兇，
但是胖虎那傢伙卻……
拼命讓車子跑……
結果輪到我玩時，電池已經沒電了。
我家雖然很有錢，
但總不能一直用來買電池吧！
所以我希望哆啦A夢能借我不會減少的電池。
就這樣，哆啦A夢回來後，別忘了跟他說。

超強能源尋寶機Q&A

Q 成年男性即使整天不動，每天大約會消耗掉多少卡路里？①十五 ②一百五十 ③一千五百

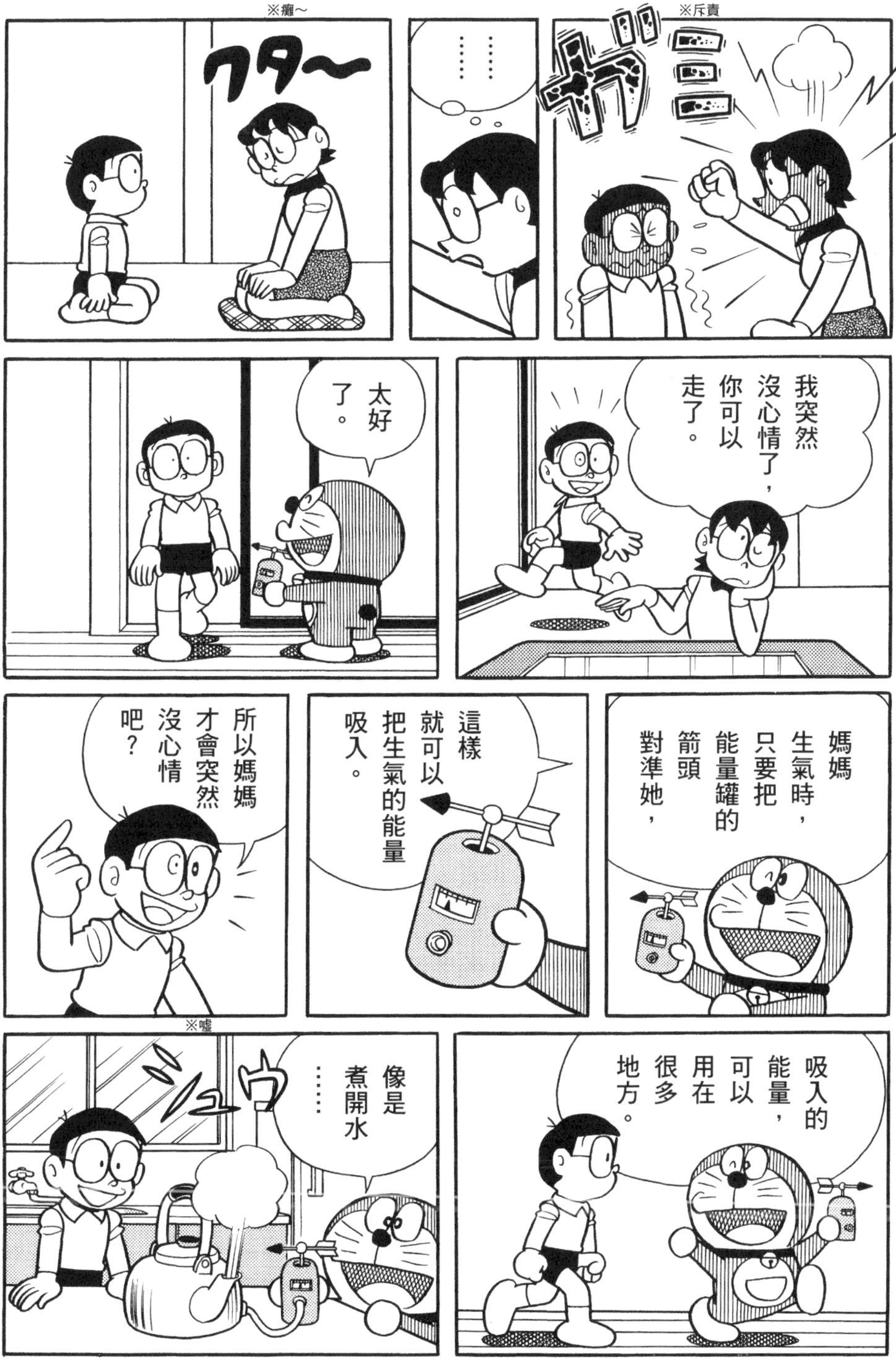
※斥責
……
クタ～
※癱～
我突然沒心情了，你可以走了。
太好了。
媽媽生氣時，只要把能量罐的箭頭對準她，
這樣就可以把生氣的能量吸入。
所以媽媽才會突然沒心情吧？
吸入的能量，可以用在很多地方。
像是煮開水……
シュウ
※噓

A ③一千五百大卡。什麼都不做便消耗掉的能量稱為「基礎代謝率」。

Q 金屬通電後所產生的「熱」稱為什麼？①焦耳熱 ②卡路里熱 ③瓦特熱

※嗶噠

ピタ
咦？停住了？
測量計指到零了。
媽媽的能量用完了。
咦……將情緒化為能量？
但是需要補充新能量。
有人在生氣嗎？
胖虎!!
那傢伙生起氣來，連真的汽車也發得動。
不過……好可怕喔！
只要快點吸走就沒事了。
找到了!!
嗨～
午安。
他的心情不錯嘛！

A ①焦耳熱。移動中的電子與金屬碰撞後便會產生熱。

Q 我們可以將所有的功都變為熱，但不能把熱全都變為功。這是真的嗎？

※衝
跑得好快！
該借我了吧！
不是說好要借大雄玩的嗎？
哎呀，先別急嘛……
※衝衝
我還有一堆舊電池。
如果能注入新的能量，一定能玩很久。
你還要惹胖虎生氣嗎？

A 真的。這稱為「湯姆生定律」。

Q

只要電子移動便會產生電流。這是真的嗎？

怕了嗎？你們真沒用。
怎麼了，又有什麼事？
※丟
ゴチン
你在幹什麼啊!?
這次就原諒你。
不過…照這測量計看來，好像還能再裝一點。
※大力丟
ガチーン
吼！
算了…
裝滿了。

A 真的。電池便是利用這個原理製作而成。

原子、分子，都擁有不為人知的能量？

改變原子的組成，可產生多餘的能量？

將組成分子的原子重新組合成新的分子，稱為「化學反應」。這時候，因為原子相互的結合使得能量跟著改變，多餘的能量就會被釋出。這樣的能量稱為「化學能量」。

在大多數的場合中，釋出的化學能量多會變為熱、光或電等能量，相反的，也有的時候是由周圍獲得能量後才引起化學反應。

插圖／加藤貴夫

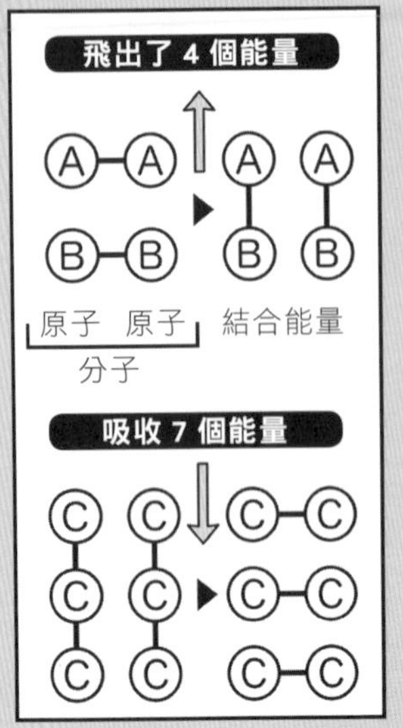

飛出了 4 個能量
A A A A
B B B B
原子 原子
分子
結合能量
吸收 7 個能量
C C C C C C C C C C C C

▲一旦原子的組成出現了變化，便會開始產生或吸收能量。

生物體內也會發生化學反應！

生物體內會發生許多不同的化學反應，而我們也會利用這些化學反應所產生或吸收的化學能量來生存。

植物的光合作用是從二氧化碳和水產生葡萄糖、氧氣的化學反應。為了生產十九公克的葡萄糖，需要一萬五千九百焦耳的能量，而這些能量可由光合作用取得。

我們體內的細胞則與光合作用相反，透過「呼吸作用」這種化學反應，將氧氣和葡萄糖等養分轉變為水與二氧化碳。在過程中所釋出的能量，便可供身體活動之用。

事實上，呼吸作用與燃燒的原理非常

▼如果要燃燒 1kg 的脂肪，需要跑 3 次全程馬拉松才行。

呼吸作用＝燃燒
擺脫脂肪

插圖／佐藤諭

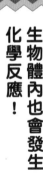

相似，兩者都是從氧氣與有機物中產生水與二氧化碳，並且都會產生其他的能量。「燃燒脂肪」這個說法，其實非常貼切呢！

一公克的脂肪進入身體後會成為九千卡路里的能量，而一公克的碳水化合物或蛋白質則為四千卡路里，因此，如果要減去脂肪就必須做更多運動才行。

最後，讓我們來介紹一些能夠以奇特的方式來使用能量的生物。螢火蟲會發光，是因為牠們能將體內的化學能量轉變為光能的關係；而電鰻則是能夠將化學能量轉變為電能。

看來，利用能量這件事並不是人類所發明的，其他生物更懂得如何善用能量呢！

© StaceyNewmanstudio23/Shutterstock.com

© Anita Patterson Peppers/Shutterstock.com

▲生物以各種不同的方式利用能量。

從原子中取出電子就能產生電能！

世上所有的物體都是由原子所組成的，但只要將原子進一步分解，便可發現原子核周圍圍繞著許多電子。

將這些電子取出一部分，就能讓原子變為「離子」，只要利用原子變成離子，離子再恢復為原子的反應，就可以產生出電流。之前介紹過的電鰻，就能在體內進行這些反應呢！

特別專欄

葉子不需要綠色的光？

光合作用包含著許多複雜的化學反應，而各種不同的化學反應所需要的能量多寡都不一樣。

太陽光中混合著不同波長的光（也就是顏色），但是光合作用需要的能量是擁有紅、藍、紫色的光，並不需要綠色的光，為了將綠色的光直接反射掉，所以植物的葉子才會是綠色的。

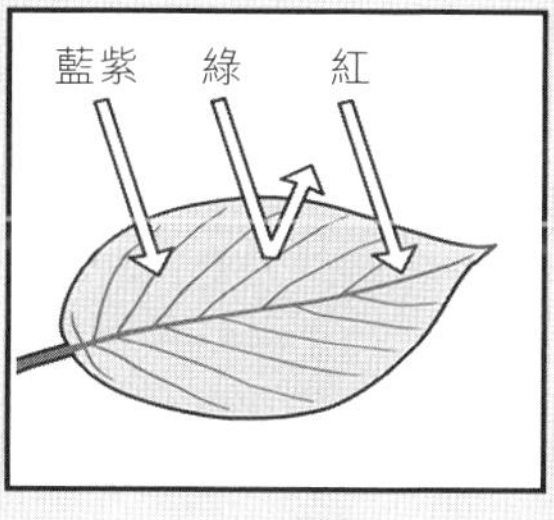

插圖／加藤貴夫

這樣
就可以
把生氣的能量
吸入。

化學反應可分爲放熱反應與吸熱反應？

在化學反應中，產生熱的稱為「放熱反應」，吸收周圍熱量的則稱為「吸熱反應」，這兩種反應常被使用在我們的日常生活中。

首先，先舉個放熱反應的例子吧！將四個鐵原子與三個氧原子結合，就可產生氧化鐵（Ⅲ）分子。而發生這個化學反應時，一公克的鐵可產生出七千五百六十焦耳的熱能，這些熱能可讓一公升的水上升攝氏一點八度。因為這個反應可以比較緩慢的產生熱能，所以被使用於製造暖暖包。

插圖／佐藤諭

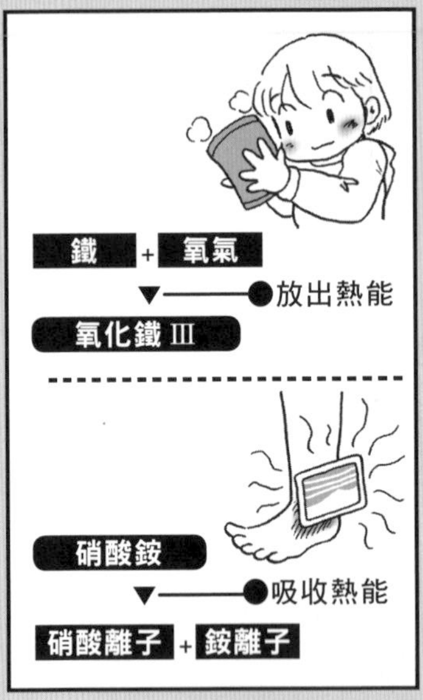
鐵
+
氧氣
放出熱能
氧化鐵 Ⅲ
硝酸銨
吸收熱能
硝酸離子
+
銨離子

▲善用放熱與吸熱反應，可開發出相當便利的產品。

另一方面，也有些放熱反應會很激烈的產生出熱能，尤其是當有的分子與氧氣結合會產生熱與光，這樣的化學反應就稱為「燃燒」。例如，燃燒一公克的丙烷會產生五萬零五百焦耳的熱能，這些熱能可讓一公升的水上升攝氏十二度。事實上，丙烷（俗稱天然氣或瓦斯）也使用在家庭生活中，我們可透過燃燒丙烷所產生的熱能來烹煮食物或將水煮沸。

至於在急救或熱中暑時經常使用的冷敷袋，就是利用吸熱反應的代表例子。冷敷袋中的硝酸銨只要溶於水，便會開始吸取周圍的熱能，因此觸摸時會有冰涼的感覺。一公克的硝酸銨完全溶於水中的時候，可吸收三百二十一焦耳的熱量。

因此，只要能善用放熱與吸熱的特性，就可以製作出許多好用的生活用品喔！

車子是靠熱能才會跑的？

空氣等氣體都具有隨著溫度變高而膨脹的特性。利用這個特性，可將熱能轉為動能。

插圖／佐藤諭

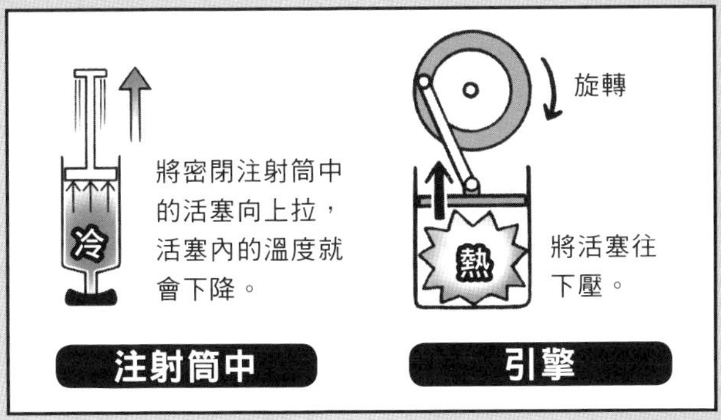

冷
將密閉注射筒中的活塞向上拉，活塞內的溫度就會下降。
注射筒中
旋轉
熱
將活塞往下壓。
引擎

▲ 氣體一旦變熱，就會對周圍產生推力，讓膨脹的氣體因此降溫。

車輛的引擎是靠汽油與空氣混合燃燒後才能作用。因為開始燃燒後，溫度會瞬間升高，於是空氣接著膨脹，產生了可推動活塞的動力。

這裡還有一件重要的事情必須要了解，那就是當膨脹的空氣推動附近的物體並讓物體移動（作功）時，氣體便會因為失去能量而開始降溫。

例如，將注射筒前方蓋上蓋子後拉動活塞，裡面的空氣膨脹後溫度下降，注射筒中便會產生水滴。當空氣上升到高空，也會因為發生相同的狀況而形成雲。

相反的，如果快速壓縮空氣，對空氣所做的功就會變成熱能，使得溫度上升。下次替腳踏車輪胎或球打完氣不妨摸摸看，但小心不要燙傷囉！

雖然，我們現在已經非常清楚熱能與動能間的關係，但過去也曾有過對「熱」的原理不是很理解的時代。西元一八四〇年時，英國人焦耳（James Prescott Joule）曾經利用重錘來攪拌水，藉以測量水溫會上升多少。根據焦耳當時的實驗結果，發現四點一八焦耳的功可產生一卡路里的熱。

特別專欄

可逆反應與不可逆反應

讓氫與碘相互反應後可產生稱為「碘化氫」的物質。若反過來將碘化氫分解，也可獲得氫與碘兩種物質。因此，無論正向或逆向都可引發反應的化學反應稱為「可逆反應」。但石油、煤炭等物質一旦燃燒就不可能復原，這類的化學反應稱為「不可逆反應」。

有不需要使用能量的機械嗎？

永動機，人類永遠的夢想！

有沒有辦法可以製作出不必靠外部給予動力、也不用補充燃料就能一直運作的裝置呢？一直以來，人類一直以創造出這樣的「永動機」為目標努力著，但很遺憾，目前得到的結論是：辦不到。

為了作功，一定需要能量。不透過外部給予能量就能持續作功，代表必須從什麼都沒有的裝置中產生出能量才行，然而依據「能量守恆定律」，這根本是不可能的事。

不過，從外部吸收能量開始作功後，產生出的熱能就會回到外部，對吧？理論上，如果能從海水獲取熱能讓船隻發動引擎，或將船隻或水運動時所產生的熱能全都釋放回海中，船隻就可以持續運轉，而海水也不會因此失去熱能。

但很遺憾，這樣完美的船隻現實中並不可能成真。因為事實上，在利用熱能作功時，一部分的能量會轉化為無法回收的聲音或光線，並無法把全部的熱能全部使用於作功。

為了能夠使用人類所發明的各種優良機械，必須將能量由外部持續傳遞至機械中。因此我們一定要好好的思考，要從哪裡取得能量而且又該怎麼使用能量才是最好的。

人類至今曾發想過的永動機範例

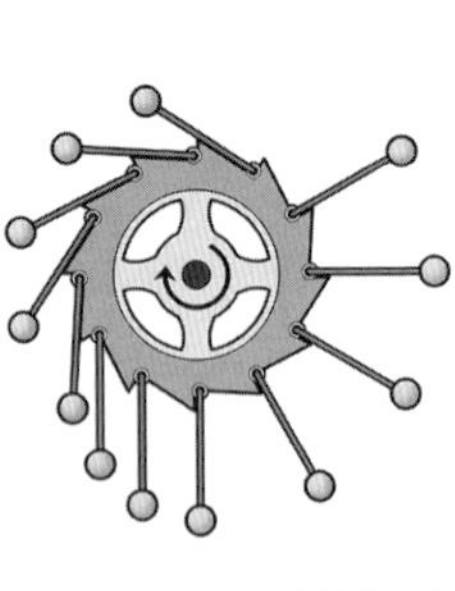

◀圖為假設可隨重錘持續回轉的永動機。事實上，因左右的力量會互相平衡，所以終究會停下來。

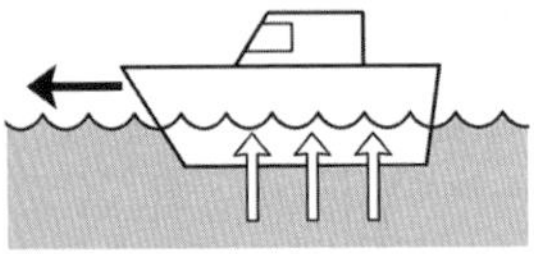

▲科學家也思考過，以「借用」海水能量的方式來創造可持續航行的船隻，但事實上是不可行的。

插圖／加藤貴夫

空中大戰

超強能源尋寶機Q&A

Q 輸出最多石油到日本的國家是美國。這是真的嗎？

A 假的。日本的石油中，85%都是由中東輸入，其中又以沙烏地阿拉伯最多，約占整體輸入量的30%。

咦……這是什麼啊？
這是「迷你飛機」。
※咚
嘿！
看起來好棒喔！
你要不要開開看？
要怎麼坐進去呢？
只要靠近它，身體自然就會縮小。
不會踩壞吧？
啊啊！
スポッ
※縮

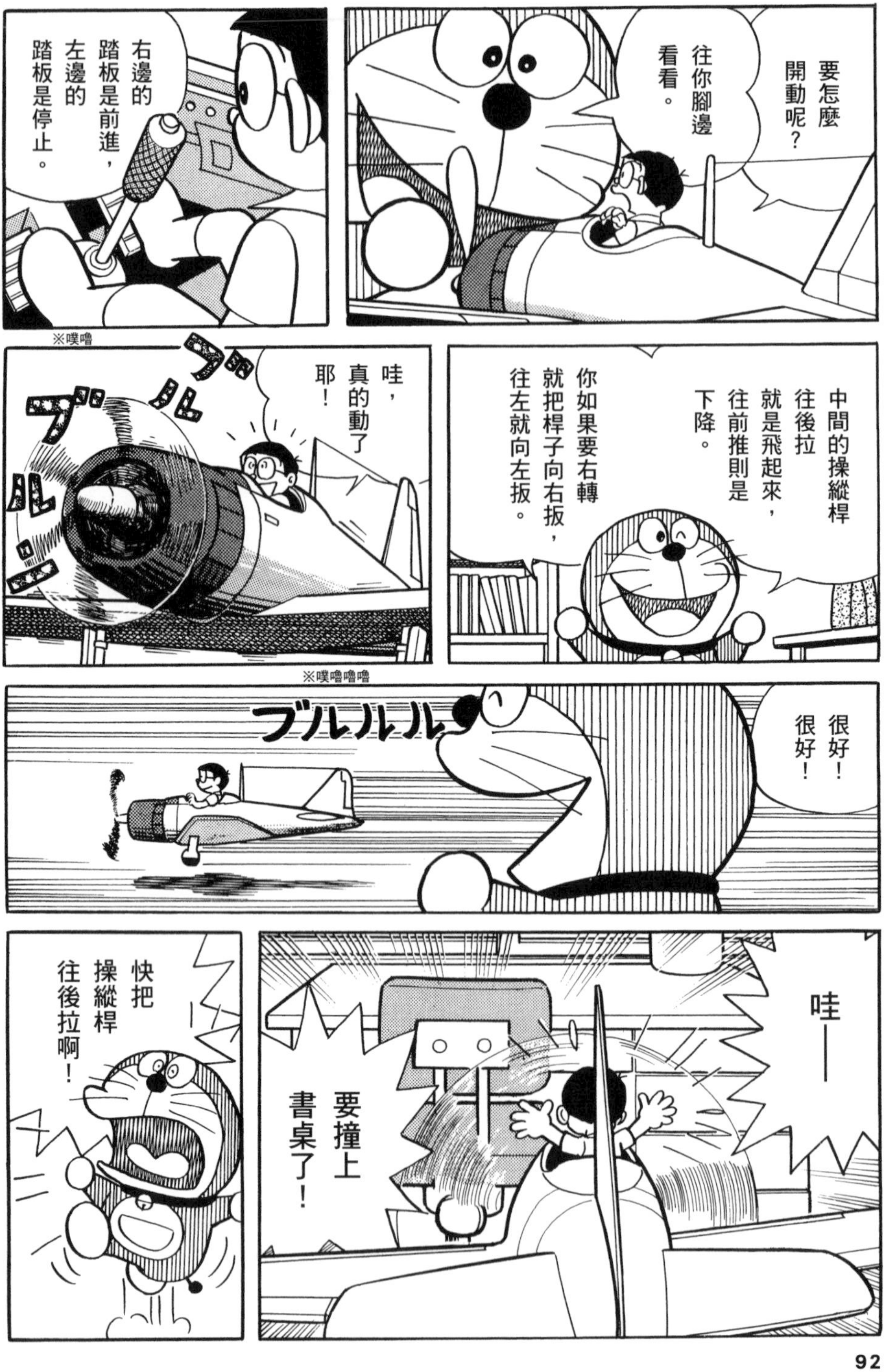

超強能源尋寶機Q&A

Q 為了發現新的油田而使用的裝置是下列何者？①雷達 ②聲納 ③探測棒

A ②聲納。現今多使用聲納來探尋新油田，讓音波接觸地面，進而判斷將音波反射回來的地點是否有石油存在。

把我的模型飛機還給我！
胖虎又搶走別人的東西了！
ブルルル‥‥
※噗嚕嚕嚕
ダダダダ
ダダダダダダ
※噠噠噠噠
好痛！
哇啊～
什麼東西啊!?
ダダダダ
ダダダダダダ
※噠噠噠噠

超強能源尋寶機Q&A

Q 油田一旦起火，滅火的方式就是把油井蓋上。這是真的嗎？

A 真的。用吊車將巨大的蓋子蓋在油井上，透過隔絕空氣來滅火。也可投入大量滅火劑或利用爆炸衝擊波等方式來滅火。

這一架是我的了！
等一下，那是我的啊！
※噗嚕嚕嚕
ブルルルルル
只剩下這一架老式飛機了。
※噗嚕嚕嚕
ブルン
喂~等一下啊！
ブルルン
ブルルル
※噗嚕嚕嚕

超強能源尋寶機Q&A

Q

被車輛當做燃料使用的汽油，其主要成分是100%的石油。這是真的嗎？

A 假的。為了提升燃燒效率，汽油中還加入了很多添加劑。

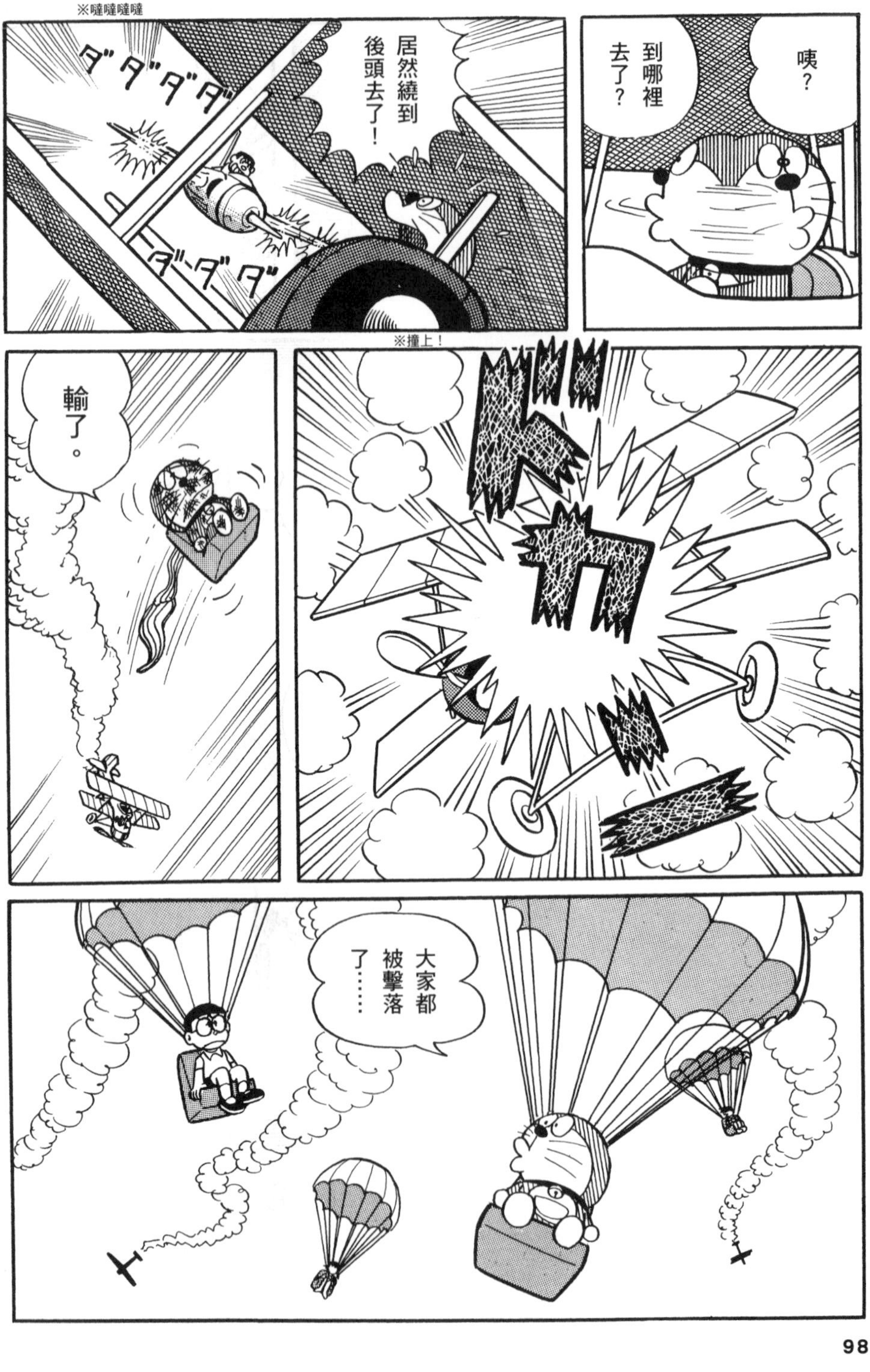

超強能源尋寶機Q&A

Q 日本的能源自給率大約多少？

①約10%

②約4%

③約1%

A ②約4%。石油、煤炭與天然氣幾乎都需要仰賴國外進口。所以一旦燃料價格上漲而日圓貶值，大家就會過得很辛苦了。

這是「迷你飛機」。

石油是枯竭性能源的代表！

日本使用的能源中，近百分之五十為石油，可說是最重要的資源

人類沒有能源就無法生存。而能夠產出大量能源的資源又可分為兩大類，其一為越用就越少的「枯竭性能源」，另一種則為「再生能源」。在這個章節中，我們先來了解一下枯竭性資源吧！

提到枯竭性能源，第一個想到的應該就是石油了。這種以碳氫化合物為主成分的液態油，點火後可猛烈燃燒，是一種很棒的燃料能源，也是世界上最重要的能源之一。日本使用的能源中，將近百分之五十來自石油。不過，石油的蘊藏地點相當分散。對於開採出的石油量連需求量的百分之一都不到的日本來說，石油幾乎依賴進口。

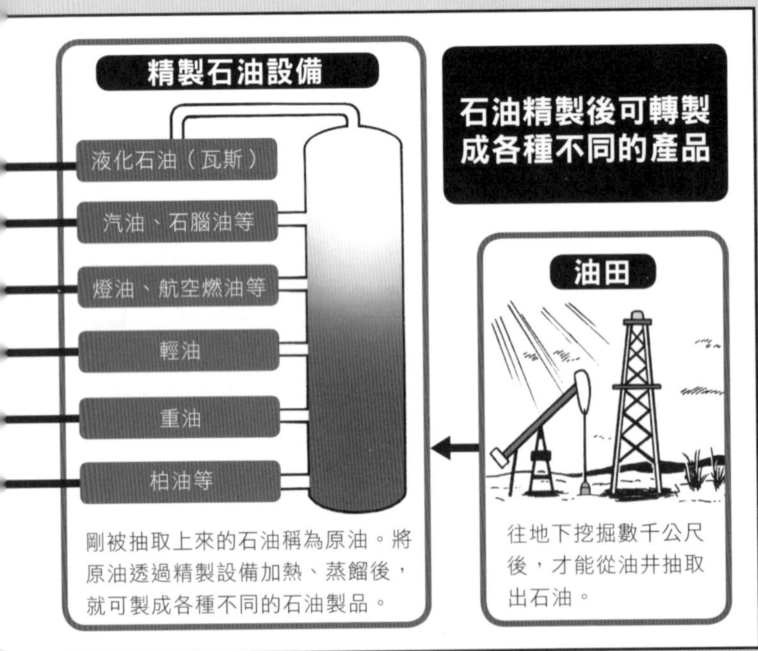
石油精製後可轉製成各種不同的產品
油田
往地下挖掘數千公尺後，才能從油井抽取出石油。
精製石油設備
液化石油（瓦斯）
汽油、石腦油等
燈油、航空燃油等
輕油
重油
柏油等
剛被抽取上來的石油稱為原油。將原油透過精製設備加熱、蒸餾後，就可製成各種不同的石油製品。

插圖／佐藤諭

廣泛的用途讓石油與其他燃料能源大不相同

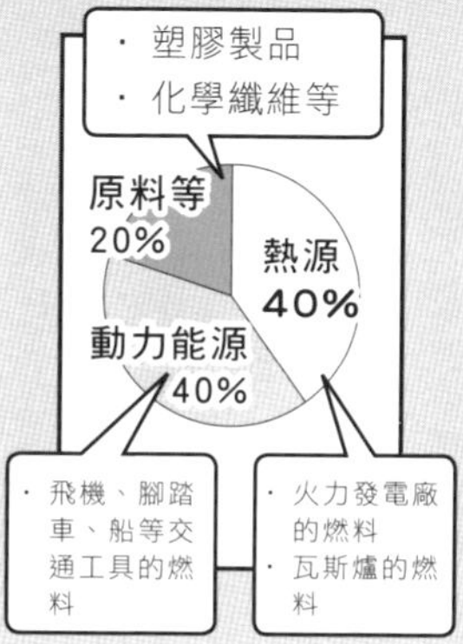

・塑膠製品
・化學纖維等
原料等 20%
熱源 40%
動力能源 40%
・飛機、腳踏車、船等交通工具的燃料
・火力發電廠的燃料
・瓦斯爐的燃料

石油與其他能源最大的不同在於：石油並不只是單純的燃料能源。如下圖，石油只要經過精製，就可使用於許多不同的用途，讓石油因此廣受重視。

至十九世紀中葉以前，石油都被視爲二流的能源？

人類使用石油的歷史久遠，據說早在西元前三千年前，人類便把地下冒出的天然柏油當做防水塗料使用。真正開始善用石油是在一八七〇年，當時美國的洛克斐勒（John Davison Rockefeller）建立了名為「標準石油」的公司。剛開始，石油僅被當做燈油來使用，汽油等副產品則被視為廢棄物直接丟棄。不過，等到使用汽油為燃料的車輛開始普及後，石油的需求量便隨之暴增。

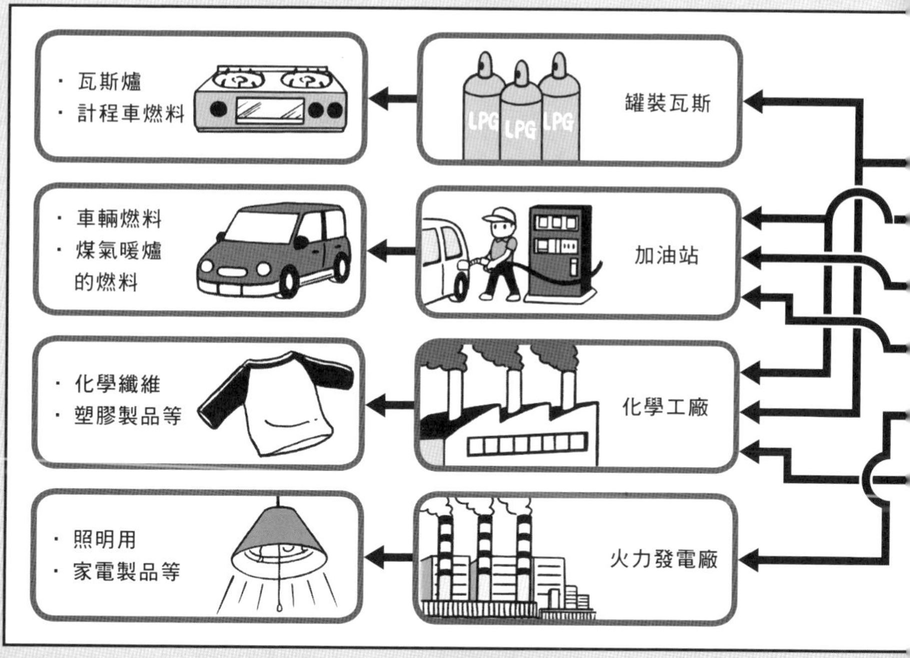

罐裝瓦斯
・瓦斯爐
・計程車燃料
加油站
・車輛燃料
・煤氣暖爐的燃料
化學工廠
・化學纖維
・塑膠製品等
火力發電廠
・照明用
・家電製品等

哇，真的動了耶！

石油其實是數億年前的生物遺骸！

石油被稱爲「化石燃料」是因爲它來自於遠古生物的遺骸

插圖／佐藤諭

你聽過「化石燃料」這個名詞嗎？石油、煤炭、天然氣等許多枯竭性能源都是化石燃料。為什麼叫「化石」？因為構成這些燃料的物質都是許多年前的動植物遺骸。以石油為例，數億年前死亡的生物被埋在砂土堆中，沉到地層深處與泥岩混合後，受到長時間高溫、高壓的影響起了化學變化，才變成了石油這種物質。而產生這種化學變化，至少需要一百萬年以上的時間。所以，一旦石油用完了，是沒辦法這麼簡單就再生的喔！

石油生成的流程

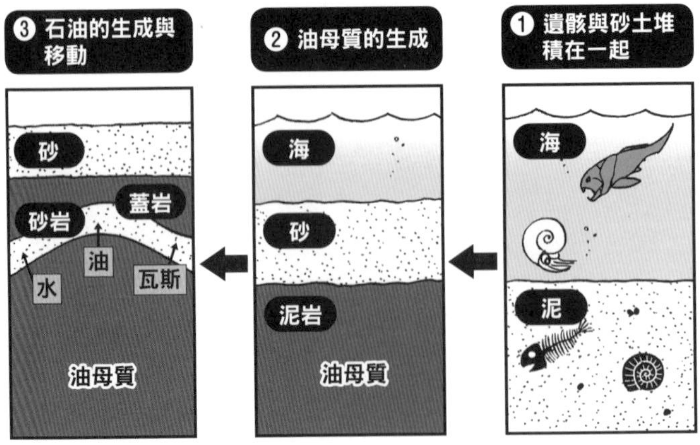
❶ 遺骸與砂土堆積在一起
海
泥
❷ 油母質的生成
海
砂
泥岩
油母質
❸ 石油的生成與移動
砂
砂岩
蓋岩
油
水
瓦斯
油母質

數億年前的地球，生物遺骸被埋在砂土中，並與泥土和微生物混合在一起。

在漫長的歲月後，砂石堆積在遺骸之上，讓遺骸沉到更深的地層後變成油母質。

油母質分離為水、油、瓦斯後變輕上浮，而後蓄積在堅固的岩層下方。

插圖／佐藤諭

出處／2010 能源性資源調查，世界能源理事會

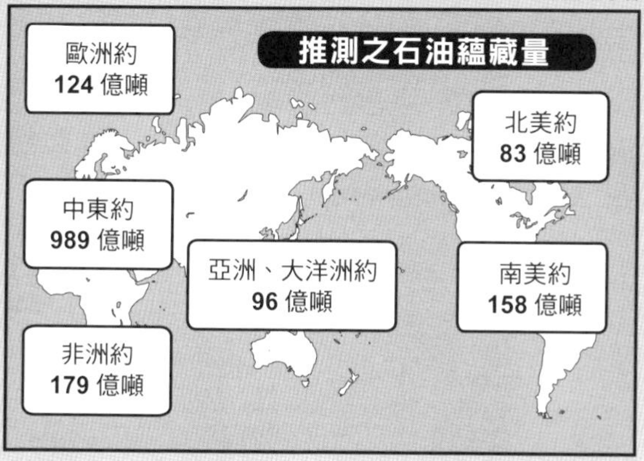
推測之石油蘊藏量
歐洲約
124 億噸
北美約
83 億噸
中東約
989 億噸
亞洲、大洋洲約
96 億噸
南美約
158 億噸
非洲約
179 億噸

只剩大約五十年，石油就要被用光了！

石油是種有限的天然資源，只會越用越少。依推測蘊藏量看來，若以現在的速度繼續開採，推算出大約還有五十年的「可開採年限」。這麼說來，可能在大家還活著的時候，石油就被開採完了。如同之前所說，石油是一種用途很廣的能源，聽到只剩下五十年可用，應該會讓人覺得不安吧！不過先別恐慌。近年來，人類已經開始使用油砂、油頁岩等與石油性質相近的「非傳統石油」（詳見第一一九頁），並且進一步針對這類能源進行開採。加上這些能源，實際上的石油可開採年限或許可達數倍以上。此外，就像最近廣受矚目的氫氣車一般，我們也正在開發不需要石油的交通工具。若能順利拓展這些新技術，應該可以繼續延長石油的可開採年限吧！

特別專欄

世界各地都有石油產出？而且並不會半永久性消失？

根據現在被視為主流學說的「有機起源說」，石油的來源是古代生物的遺骸。但也有人提倡「無機起源說」，此學說主張，石油是在上部高溫的地函中，由岩石與水相互反應所生成的碳氫化合物沿著地殼的裂縫向上爬升，而後變成油田。如果這學說成立，那麼地底下應該到處都有石油，而且不會出現半永久性消失的狀況。這麼一來，所有的資源問題似乎都解決了。但很遺憾，此學說現今幾乎是被完全否定的。

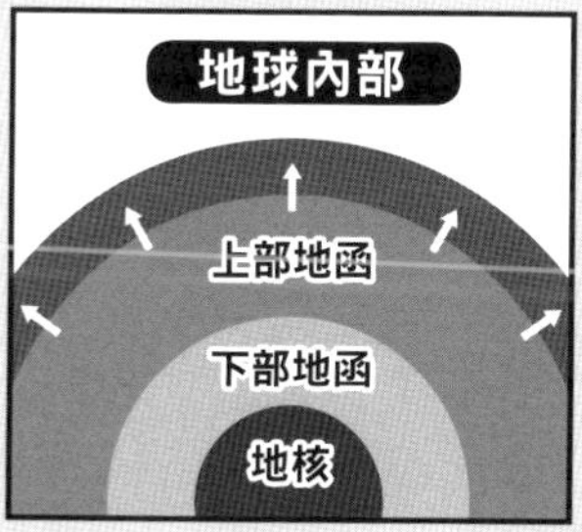
地球內部
上部地函
下部地函
地核

◀如果可以沿著地殼的裂縫上升變成石油，那麼身為地震大國的日本，應該可以一躍而成資源大國吧！

日本百分之九十的電力來自火力發電

只剩下這一架老式飛機了。

在發電中占有壓倒性比例的火力發電，有什麼優點嗎？

現今，世界上大部分的電力都是依賴火力發電廠供應。日本也有約百分之九十的電力來自火力發電，因為火力發電較廉價，且能生產大量的能量。此外，由於電力不易儲存，所以在需要用電的時候能生產出足夠的電量相當重要。例如在需要大量用電的白天，只要提升火力，便可以生產出大量的電力；而在夜間就可以控制火力減少發電。很容易調整發電量，也是火力發電的優點之一。

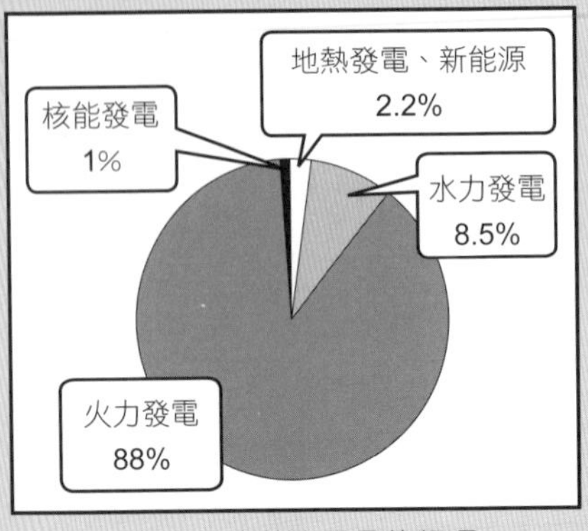
地熱發電、新能源
2.2%
核能發電
1%
水力發電
8.5%
火力發電
88%

▲2013 年度日本總發電量的細項

火力發電廠的主要設備

火力發電可調節供電量，發電效率也相當好。不過燃燒燃料卻會釋放出二氧化碳等廢氣與粉塵。因此，應在火力發電廠裝置各種能盡量減少排出有害物質的設備。

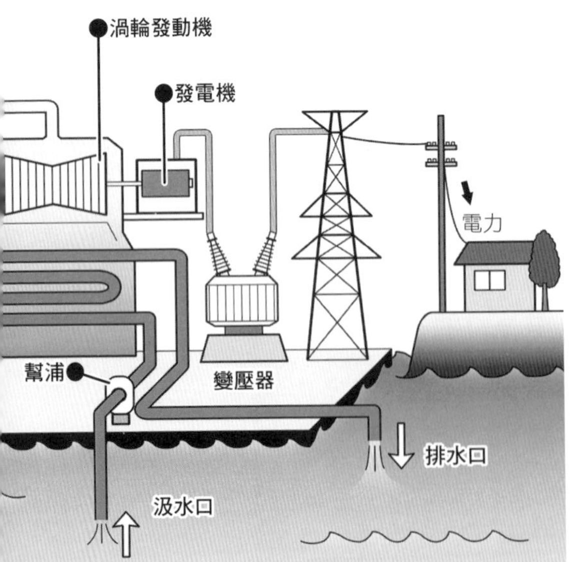
渦輪發動機
發電機
電力
幫浦
變壓器
排水口
汲水口
海水

插圖／加藤貴夫

煮沸大量的水，以蒸汽渦輪發動機來進行火力發電

接著，讓我們來看看火力發電的系統吧！蒸汽會讓渦輪發動機開始旋轉，而渦輪機則設計為可將旋轉力傳遞至發電機（馬達）（與腳踏車靠踩著踏板讓車燈發光的基本原理相同）。渦輪發動機的旋轉方式不同，便會成為不同的發電系統。例如，火力發電是靠蒸汽的力量來轉動巨大的渦輪。先燃燒燃料，讓水槽中的水沸騰後，大量噴出蒸汽，再把蒸汽送去推動渦輪。

之後，蒸汽會被水管引導至裝有海水的房間內冷卻，等到蒸汽變回水之後再送回水槽中。

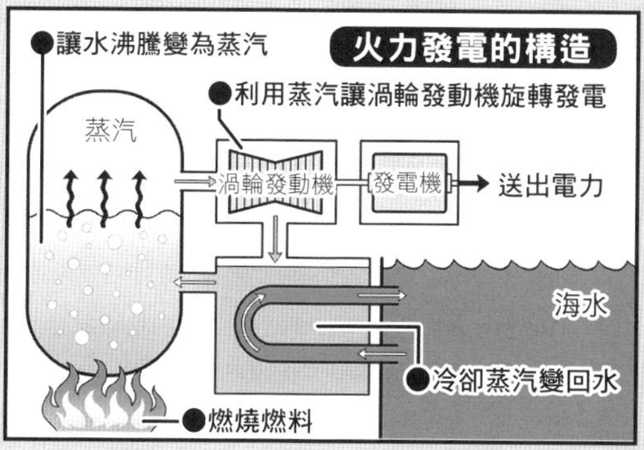
火力發電的構造
讓水沸騰變為蒸汽
利用蒸汽讓渦輪發動機旋轉發電
蒸汽
渦輪發動機
發電機
送出電力
海水
冷卻蒸汽變回水
燃燒燃料

◀利用燃料來控制蒸汽的大小，以調整發電量。

插圖／加藤貴夫

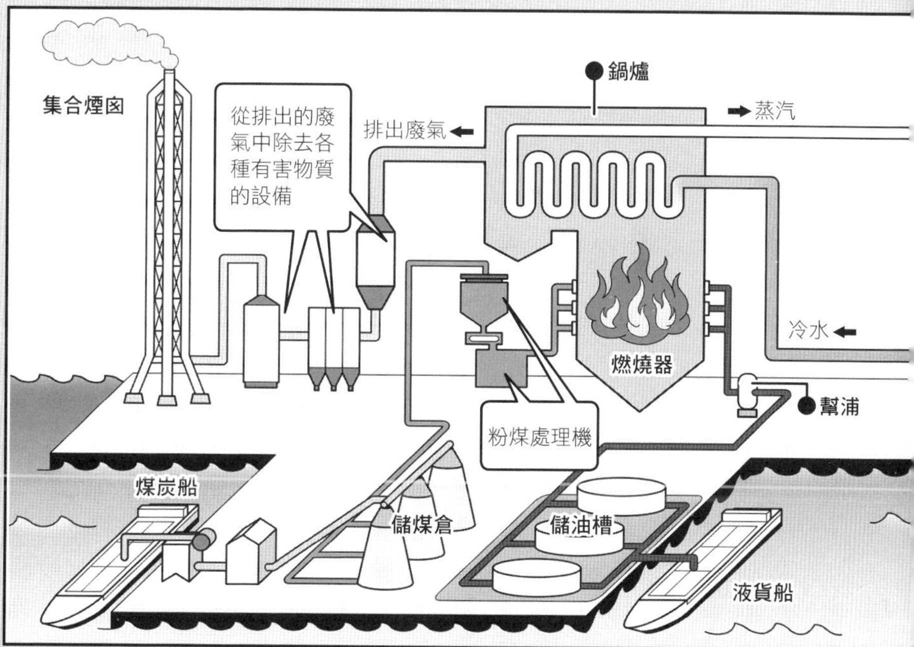
集合煙囪
從排出的廢氣中除去各種有害物質的設備
排出廢氣
鍋爐
蒸汽
冷水
燃燒器
粉煤處理機
幫浦
煤炭船
儲煤倉
儲油槽
液貨船

蒸汽火車頭

一、二……
一、二……
加油！
加油！
大家怎麼跑來跑去的？
明天……
學校舉辦……
馬拉松比賽。
在練習……
ハァ ハァ
※呼呼
只有你一個人悠悠哉哉的。

不管有沒有練習，我注定最後一名。
我是不白費力氣主義者。
※嗚~
※嗚嗚
※戚鏘戚鏘
※嗚~
蒸汽火車好帥喔！
我很喜歡。
我想也是。
人類會對自己沒有的東西，產生強烈的憧憬。
什麼意思？

超強能源尋寶機Q&A

Q

日本近海擁有的甲烷水合物中，較容易挖掘的是哪一側？①太平洋側 ②日本海側

A ②日本海側。太平洋那一側的甲烷水合物在海底混著砂石，日本海側的則以冰的結晶狀露出於海底，相較之下較易挖掘。

它非常男性化而且強壯有力，兼具爆發力及速度感。
グサ
※刺入
跟你正好完全相反。
嗚……嗚、嗚、嗚……
怎麼了？
我的話傷你很重嗎？對不起，我說得太過分了。
對、對了，有好東西借你。
「蒸汽火車頭」。
只要戴上它，任何人都能像蒸汽火車般強壯有力。
放入煤炭。
ザラー
將水倒入。
你看！
產生蒸氣了。
※薩啦

超強能源尋寶機Q&A

Q 需要儲存或運送天然氣時，可以將天然氣變為液體。這是真的嗎？

A 真的。氣體的體積龐大，儲存或運送都不方便。因此可利用冷卻或壓縮裝置進行液化，讓體積縮小為氣體的兩百五十分之一。

※嗚～
ボ～
聽得見強而有力的汽笛聲。
已經回來了。
※戚鏘戚鏘
シュッシュッ
ボッ
ボッ
※戚鏘戚鏘
シュッシュッ
※嗚嗚
ポッポッ
※嘎吱
キキー
好驚人的氣勢。
※嗚嗚
馬拉松大會穩贏的。
應該吧。
等不及明天了。
胖虎他們老是瞧不起我，我想早點看到他們訝異的表情！
什麼？比一場鎮上的馬拉松？
真囂張。

超強能源尋寶機Q&A

Q 據說日本的陸地下方含有大量的天然氣。這是真的嗎？

A

真的。關東平原的地下蘊藏有七千億立方公尺的天然氣，但若開採可能導致地層下陷，所以必須限制開採量。

※嗚嗚～戚鏘戚鏘
那、那是什麼？
那個像煙囪的東西很可疑。
一定是哆啦A夢的道具!!
抄捷徑埋伏他吧。
把它搶過來，明天馬拉松比賽時拿來用。
※嗚嗚～戚鏘戚鏘
停!!
再不停我就扁你！

※碰嘎

神勇無比！
全身充滿能量、爆發力十足。
不管兩圈還三圈，
好想一直奔馳下去。
大雄好帥喔……
我實在靜不下來。
能量多到不行，
如果將這股能量多少轉移到讀書上……
好驚人的魄力。

※嗚嗚～戚鏘戚鏘

超強能源尋寶機Q&A

Q 利用瓦斯管線輸送到家裡的天然氣或罐裝天然氣，聞起來就是天然氣原本的味道。這是真的嗎？

A 假的。天然氣並沒有味道。為了讓天然氣外洩時較容易被發現，所以特意加入可嗅到的成分。

※轟轟轟
ゴホン
ゴホン
將窗戶打開。
真的非常不好意思。
附近的鄰居說……
冒著煙到處跑，害得衣服都是煤炭，房間烏漆抹黑的。
叫我們不要再用了。
這就是時代的潮流吧~果然蒸汽火車終究要被淘汰……
明天的馬拉松怎麼辦!?
借我磁浮列車的火車頭啦!!

除了石油，還有其他的枯竭性能源嗎？

ザラー
放入煤炭。

工業革命後，一路支撐著文明發展的能源是煤炭！

十八世紀，靠著煤炭所產生的工業革命，讓人類文明產生了飛躍性的發展。在工業革命前，主要的燃料資源是木材或木炭，因此當工業設施規模變大後，被採伐的樹木也越來越多，對森林造成嚴重的破壞。

此時，能夠作為替代能源的煤炭受到了廣大的注目。與木炭相比，煤炭的發熱量大多了。由於煤炭可用來鑄鐵，亦可當做當時剛發明不久的蒸汽機的能源，讓煤炭的需求量因此暴增。因為煤炭的重要性，讓它在當時被稱為「黑色的鑽石」。

▲掀起乘客與物資運輸革命的蒸汽火車能日益普及，正是因為有煤炭的關係。

直至二十一世紀的今日，煤炭仍是第一級的能源來源！

進入二十世紀後，石油在探勘與精製方面都有了長足的進步，能開始大量並廉價的供應。液態石油在儲存或運輸上都很容易，發熱量也比煤炭大許多，因此主要的燃料資源就從煤炭變成了石油，讓煤炭的需求量一度大大減少。一直到一九七三年的石油危機，又讓煤炭的需求量再度提升。當時，石油主要出產地之一的中東紛擾不斷，讓石油價格攀高好幾倍，許多國家重新重視煤炭的重要性，加上當時已發展出更好的技術，來處理燃燒煤炭時排出的大量煤煙，使得煤炭又重新成為火力發電、鑄鐵等工業中不可或缺的第一級燃料能源。

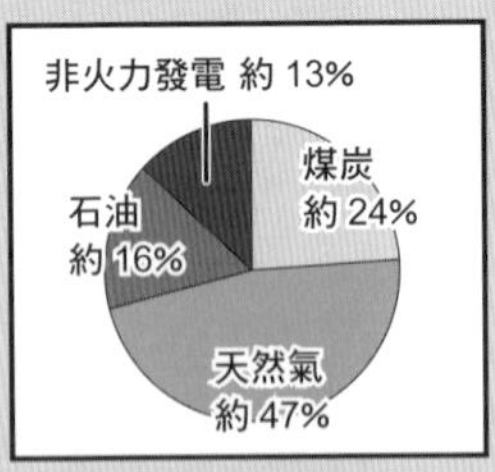

非火力發電 約 13%
煤炭 約 24%
石油 約 16%
天然氣 約 47%

▲2012 年度，日本使用於發電的能源細項。

出處／2010能源性資源調查，世界能源理事會

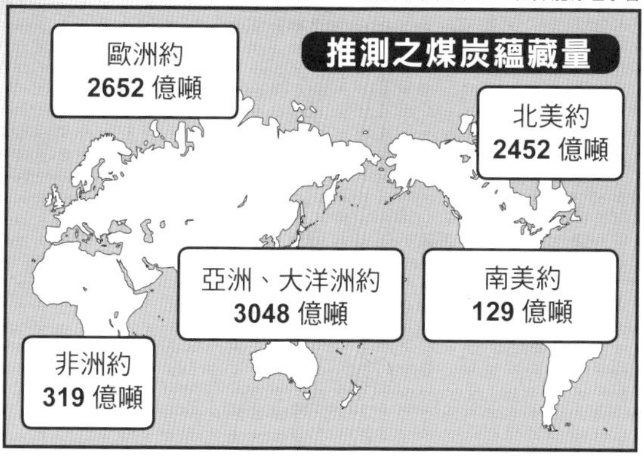
推測之煤炭蘊藏量
歐洲約
2652億噸
北美約
2452億噸
亞洲、大洋洲約
3048億噸
南美約
129億噸
非洲約
319億噸

為什麼煤炭與石油的分布區域不一樣呢？

左圖以地域標示出煤炭的推測蘊藏量。與一〇三頁的石油推測蘊藏量相比，可以發現兩者大不相同。為什麼會這樣呢？無論石油或煤炭都是化石燃料，但它們形成的原料卻不一樣。

石油主要來自於動物的遺骸，而煤炭則多是植物。

一般來說，樹木枯死後應該會被微生物分解，然後回歸土壤，但是在約三億年前，世界上並沒有能分解植物的微生物。未被分解直接埋入土壤中的樹木經過漫長的時間後，在地層下因高溫、高壓而產生化學變化，變成了碳化的煤炭。

另外，埋在地底下越長時間的煤炭，當中的碳含量就越高。依時間由短至長排列，分別為泥煤、褐煤、煙煤、無煙煤，一旦成為無煙煤，當中的碳含量可高達百分之九十以上。除了高碳含量外，無煙煤的揮發性與著火性都很好，屬於高價的高品質煤炭。

以煤炭進行火力發電時，最重要的便是環境保護！

化石燃料的缺點，就是在燃燒的時候會排出廢氣，煤炭、石油與天然氣排出的廢氣尤其多，甚至還會排放出煤煙與粉塵。因此，火力發電廠都必須具備集塵裝置、排煙脫硫設備、集合煙囪等各種可以減少排出煤煙與汙染廢氣的設備。

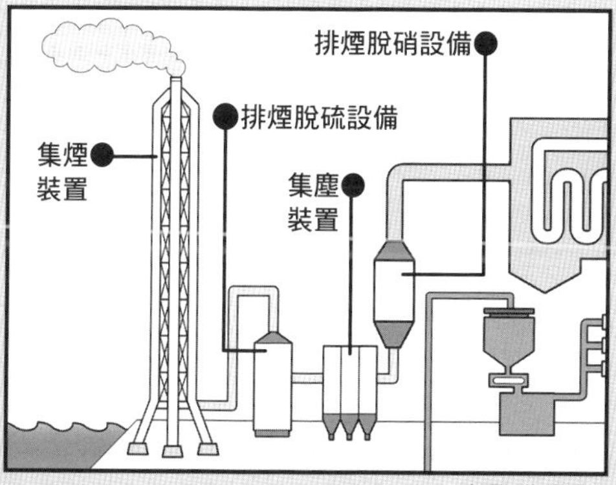
排煙脫硝設備
排煙脫硫設備
集煙裝置
集塵裝置

插圖／加藤貴夫

支撐著現在與未來的能源性資源

日本有一半的火力發電廠都是以「天然氣」為能源

除了石油、煤炭外還有許多枯竭性能源，而每項能源都有不同的特徵。首先，我們就從天然氣（傳統天然氣）談起吧。被當做能源使用的天然氣，是可燃性的碳氫化合物氣體。在提取石油的過程中分離的氣體會往地層中移動，接著蓄積在氣體容易通過的岩層裡。因此，天然氣的產地多與油田重複。天然氣的主要成分是甲烷、乙烷、丙烷等氣體。天然氣的發熱量與石油相同，但二氧化碳的排放量比石油稍少，因此最常被使用於火力發電廠，推測蘊藏量也相當多，所有純天然氣加起來的可開採年限約為兩百年以上。

在與傳統天然氣不同的地點開採到的「頁岩氣」

在與開採傳統天然氣完全不一樣的地層中，所開採到的天然氣，稱為非傳統型天然氣。頁岩氣也是當中的一種。頁岩氣形成的過程雖然與傳統天然氣一樣，但頁岩氣並未往地中移動，而是被粒子堅固又細小的頁岩給鎖在岩層中。

長久以來，雖然一直認為很難從頁岩中有效率的提取出頁岩氣，但進入二十一世紀之後，這方面的技術終於發展成熟。以北美為中心，頁岩氣的產量大為提升。

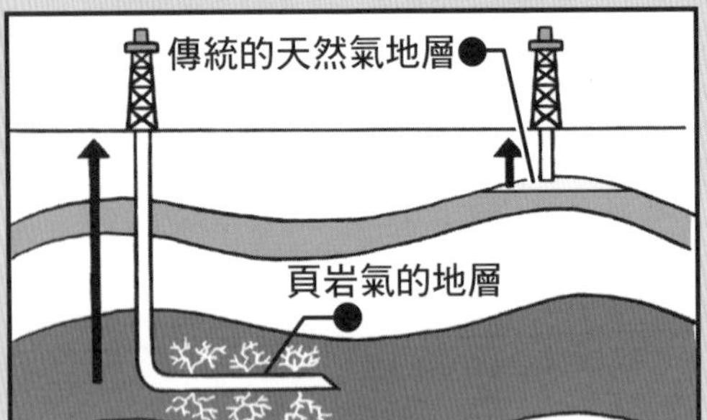

插圖／佐藤諭

「甲烷水合物」是能夠讓日本變身能源大國的夢幻能源？

最近被廣為討論、被稱為「可燃冰」的新能源「甲烷水合物」，也是一種非傳統天然氣。甲烷氣體分子與水分子結合後，在深海或永凍土下方冷凝後成為冰狀的結晶物。在日本近海，發現蘊藏了約等於日本每年消費天然氣量一百倍的甲烷水合物。但在深海採掘除了必須克服技術問題，成本也較昂貴，所以日本是否能變身為能源大國，似乎還言之過早。此外，甲烷燃燒時所釋放的二氧化碳約只有石油的一半，似乎是比較環保的燃料，但甲烷本身對溫室效應造成的影響卻是二氧化碳的數十倍。如果採掘的時候讓甲烷外洩到大氣層或燃燒時沒燃燒完全，反而會讓甲烷帶有破壞環境的隱憂，須多加注意。

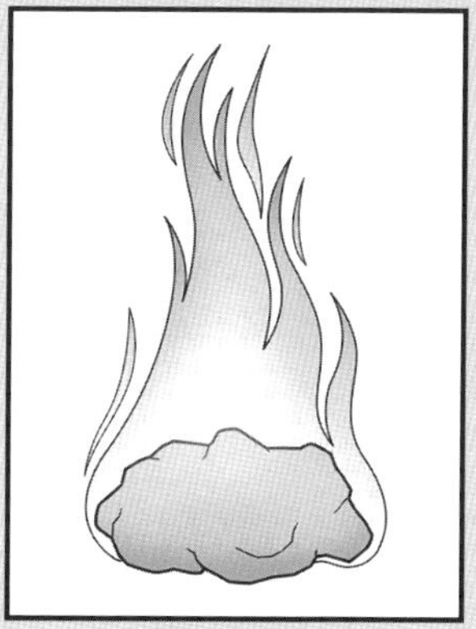

插圖／加藤貴夫

蘊藏量高於石油兩倍以上？「油砂」又是什麼？

油砂指的是含有石油成分的砂岩（含有石油成分的頁岩稱為「油頁岩」），大多產於北美、南北大陸、俄羅斯、澳洲等地。從油砂與油頁岩中能夠開採出來的石油量，推測為一般石油的兩倍以上，讓它們成為備受矚目的替代能源。

特別專欄

無論任何能源都有優缺點

我們需要依靠各種不同的能源才能生活。但所謂「理想的能源」，事實上還沒出現。例如，石油價格多變、煤炭需要許多配套的環境保護措施、天然氣在儲存與運送上也要多花很多功夫等。結論就是，我們應搭配使用各種不同的能源，避免過於依賴單一的能源才是最實際的做法。

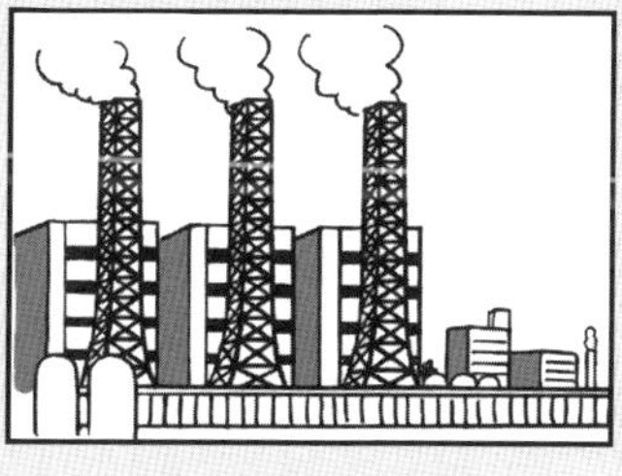

◀使用能源需考慮到對環境的影響，聰明的使用才行。

插圖／佐藤諭

利用核分裂來產生熱能的核能發電

你看！
產生蒸氣了。

以中子來撞擊鈾 235 就會出現核分裂而產生熱！

插圖／加藤貴夫

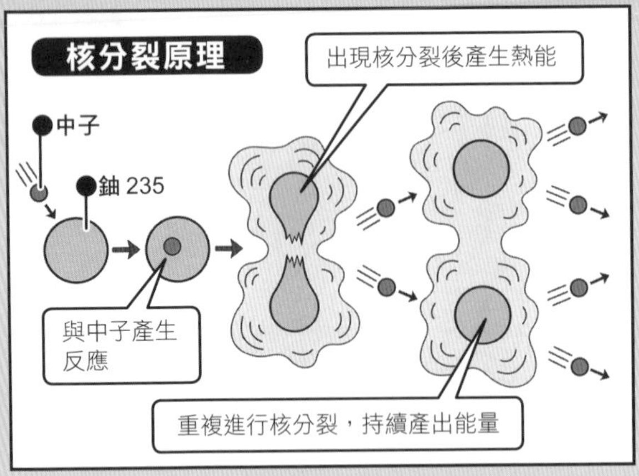
核分裂原理
出現核分裂後產生熱能
中子
鈾 235
與中子產生反應
重複進行核分裂，持續產出能量

利用核分裂力量來發電的便是核能發電，這項能源也被列為是枯竭性能源之一，因為進行核分裂所需要的鈾也是有限的天然能源。天然鈾可分為鈾 234、鈾 235、鈾 238，但當中能夠輕易就產生核分裂的為鈾 235。

鈾 235 只要吸收一個中子，鈾原子的狀態就會變得非常不穩定。然後，兩個原子核中會分裂出數個中子並產生熱能。這個熱能便稱為「核能」。分裂的中子又會飛奔回鈾 235 中，然後引起新的核分裂。

在發生這些反應時，利用因連鎖反應而膨脹的熱能發電，就被稱為「核能發電」。不過，為了讓核能發電的電力輸出維持穩定，在每次核分裂所釋出的複數中子中，一定只有一個中子能被分裂出的鈾 235 吸收才行。換句話說，必須讓剩餘的中子附著在別的物質上。這種細微的調整，便是核能發電最困難的地方。

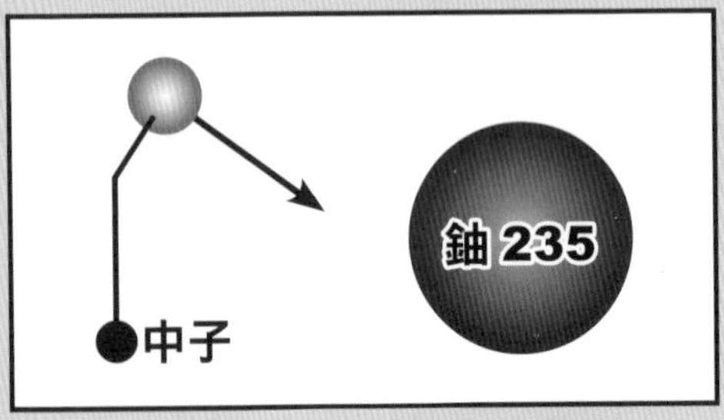
鈾 235
中子

▲為了利用核能，必須能控制中子與鈾 235 的結合。

核能發電的原理與火力發電完全一樣

燃燒燃料將水煮沸，然後利用蒸汽的力量去推動渦輪發電機的發電方式為火力發電。至於核能發電，則只是將燃料改為核分裂所產生的熱能，其他發電的基本原理則完全相同。不過進行核分裂後會產生銫135、碘135與鍶89等對生物危害相當大的放射性物質。因此，雖然進行核分裂的原子反應爐，裝在兩層的容器與堅固的建築物中，但其安全性還是飽受爭議。

特別專欄 快中子增殖反應爐是什麼？

發生核分裂時，同時也會產生名為「鈽」的副產物。鈽與鈾 235 一樣，都可作為核能發電的燃料。因為鈽的中子可快速的大量產生，利用中子的高速來撞擊燃料棒的設施便稱為「快中子增殖反應爐」。雖然已經過長時間實驗，但至今的發展尚未邁入可推廣的實用階段。

▲日本的快中子增殖反應爐「文殊」。

核能發電廠的特徵

核能發電廠的特徵是具備可封閉放射性有害物質的構造，包括抑制核分裂的控制棒、鋼鐵製的厚實容器、沒有窗戶且牆壁非常厚的混凝土建築物等許多獨特的專屬設備。

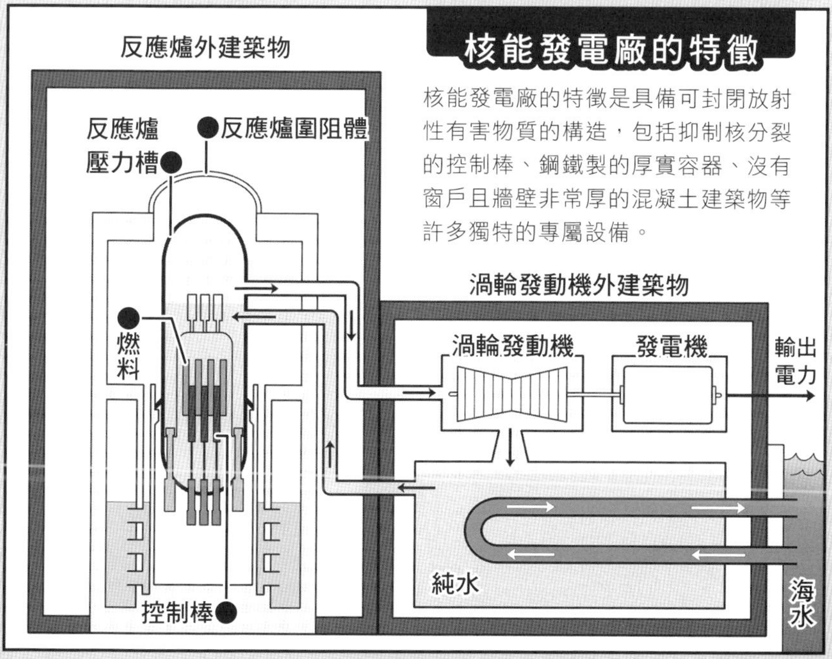
反應爐外建築物
反應爐
壓力槽
反應爐圍阻體
燃料
控制棒
渦輪發動機外建築物
渦輪發動機
發電機
輸出電力
純水
海水

插圖／加藤貴夫

地底的太陽能乾冰源

啊……把暖爐關掉會冷耶！
要睡到客廳睡。
每個房間都開暖爐太浪費了。
家裡的經濟不寬裕，要體諒媽媽。
真小氣。
不是那樣的。
地球上的石油剩下不多，
不珍惜使用的話，馬上就用光了。

Q 進行太陽能發電時不需要其他任何的燃料能源。這是真的嗎？

真的快沒有石油啦？
真的啊。
你們居然都不緊張!?
車子、飛機、船、全部都會動彈不得耶!!
沒有電，會變得漆黑又寒冷。
還不只這些呢！如果放著不管，整個社會就要天翻地覆了。
好恐怖喔……
為了避免類似情況發生，全世界的學者正在努力研究。
二十二世紀則是使用這個。
「太陽能乾冰源」。
好溫暖！
這是將太陽能轉化為像乾冰那樣的固狀物。
融化掉了。
因為碎片太小了。
去挖一塊新的吧。
挖？
去哪裡挖？

A 假的。雖然發電本身不必用到其他能源，但為了製作太陽能電池需用到矽氧樹脂，所以一樣需要使用石油等能源。

我已經先將夏天的炙熱陽光，蓄積在地底下。
門要關好，否則會融化的。
礦脈布滿全鎮的地底下。
因為遇冷會融化，
所以需要時再取出使用。
用布包起來就像懷爐。
掛在天花板上，就成為電燈。
放入紙筒，就變成手電筒。
好刺眼。

Q 可載人的哆啦A夢造型太陽能車已成功製造完成。這是真的嗎？

丟到茶壺裡……
水馬上就開了。
用法多到數不完，好神奇的能源喔！
開公司來販賣吧！然後輸出到世界各地大賺一筆……
你馬上就動歪腦筋了!!
能取得便宜又方便的能源，大家一定會很開心的，這樣不對嗎？
你愛吃銅鑼燒吧？
不要突然問我怪問題!!
我愛吃，但是最近手頭很緊。
用「太陽能乾冰源」大賺一筆，讓你吃個夠。
就、就聽你的。
真是個頭腦單純的傢伙。
我去賣。

我是「太陽能乾冰源」的銷售員。
既溫暖又明亮，一百公克只要一百圓！
我覺得很棒，但是沒有錢。
好冷喔，這種天氣別練習了。
這可以當溫暖的懷爐使用。
這個好，給我。
要一百圓？
好貴，我不要!!
居然連朋友的錢都想賺！
哈啾！
根本行不通。

A 真的。一九九二年開發的「索啦A夢號」太陽能車最高時速可達七十公里，曾出現於許多賽車場與拉力賽，相當活躍！

用這種方法賺錢，果然還是不太好……
你不想吃銅鑼燒了嗎!?
不，就算為了銅鑼燒……但是賣不出去，而且外面又冷……
對了，讓你當社長吧。
三、兩下就能蓋棟大樓。
銅鑼燒公司
對了！在社長室隔壁，開一間銅鑼燒食堂吧。
銅鑼燒食堂!?
讓你能隨時盡情的享用銅鑼燒。
銅鑼燒生魚片
銅鑼燒蓋飯
銅鑼燒咖哩
銅鑼燒堡
銅鑼燒排
我會想辦法拚命賣的！

超強能源尋寶機Q&A

Q 日本最適合進行太陽能發電的地點是在下列何地？ ①東北地方 ②中部地方 ③九州地方

A ②中部地方。「全年日照量」與可有效使用太陽光的「最佳傾斜角」，對太陽能發電相當重要。日本的中部地方最符合。

Q 除了供給家用的太陽能，有種熱水器可透過照在屋頂上的太陽光就直接加熱水。這是真的嗎？

A 真的。這稱為太陽能熱水器，已經有一百年以上的歷史，現今為利用太陽能的機器中最具效率的一種。

不可以坐地起價！
賣兩倍價錢，就可以買兩倍的銅鑼燒喔。
一百公克三百圓。
一百公克五百圓!!
好貴！
嫌貴就不要買。
銅鑼燒…不對，「太陽能乾冰源」只有我有。
五百圓沒關係，我買。
你看吧。
我馬上去挖。
說到銅鑼燒，就變了個人。
啦～啦啦啦啦啦～
讓您久等了。
明年夏天再找個更寬敞的地方，大量製造吧。

輸出到世界各地，
再輸入全世界的銅鑼燒，嘻嘻嘻。
你的口水……
怎麼好像變熱了。
糟了!!
我沒關門…
融化之後飄散到全鎮了!!
大家都換穿短袖了，這股熱度還會持續一陣子吧。
唉……

優秀的能源！好好利用太陽的力量吧！

怎麼用都用不完？利用自然的力量便能再生的能源！

相對於石油、煤炭等會越用越少的枯竭性能源，因為利用大自然的力量而幾乎可永久使用的能源稱為「再生能源」。太陽光、熱、風、波浪等自然界的力量相當巨大，可不斷產生出比人類需要的能源更強大的能量。此外，再生能源對環境也較友善。接下來，我們就好好來了解一下這種夢幻能源的特徵，以及在普及推廣上可能遇到的問題！

再生能源

- 太陽能
- 水力
- 風力
- 潮汐力
- 波浪力
- 地熱
- 生質燃料等

枯竭性能源

- 石油
- 煤炭
- 天然氣
- 頁岩氣
- 甲烷水合物
- 油砂
- 核能等

太陽傳遞至地球的能量比人類所需能量高出近一萬倍以上！

針對各種再生能源的研究正在進行中，當中特別獲得重視的便是太陽能的使用。因為在所有的自然現象中，太陽所帶來的能量壓倒性的巨大。太陽傳遞至地球的能量，每秒約有十七京三千兆瓦，據說這個能量，比全人類每秒使用的能量還要高出一萬多倍。所以說，如果能夠有效使用太陽能，就能一口氣解決困擾人類的能源問題與環境問題了。但事實上，現今我們所使用的太陽能，還不到人類使用能源的百分之一，在技術與成本上，都還有許多必須克服的問題。

© NattanJ/Shutterstock.com

充滿在自然界中的能源

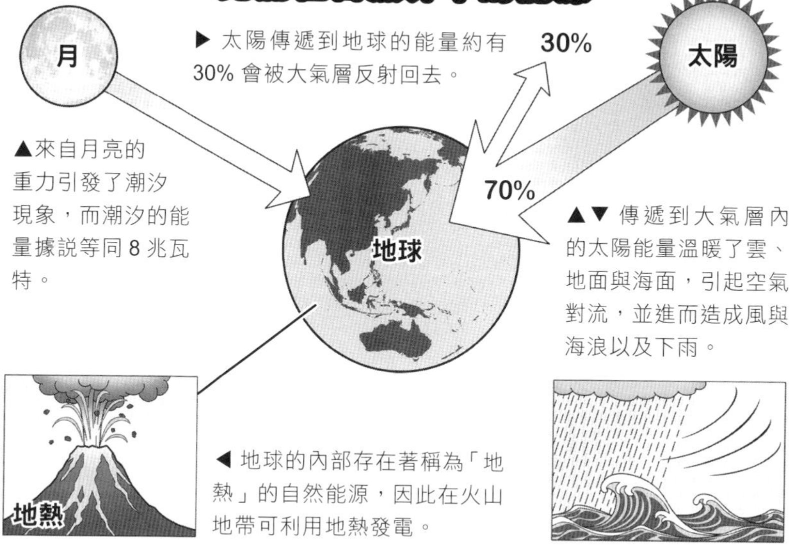

▶ 太陽傳遞到地球的能量約有30% 會被大氣層反射回去。

▲來自月亮的重力引發了潮汐現象，而潮汐的能量據說等同 8 兆瓦特。

▲▼ 傳遞到大氣層內的太陽能量溫暖了雲、地面與海面，引起空氣對流，並進而造成風與海浪以及下雨。

◀ 地球的內部存在著稱為「地熱」的自然能源，因此在火山地帶可利用地熱發電。

插圖／加藤貴夫

利用太陽「熱能」的太陽能發電系統是……？

現今利用太陽能來發電的方式有兩種，分別為利用「光」與利用「熱」兩種方式。首先，我們來介紹一下太陽的熱能發電。其發電原理與前面介紹過的火力發電或核能發電大致相同，都是利用水沸騰後的蒸汽來推動渦輪發動機，不同的地方在於讓水沸騰的方式。太陽熱能發電不使用燃料，而是透過透鏡或反射鏡來收集熱能（與用放大鏡收集光線讓黑紙燒起來的原理一樣）。太陽熱能發電的成本低，也不需要太困難的技術，而且熱與電力不一樣，不但好儲存，使用起來也方便。不過，缺點在於架設收集太陽光的透鏡需要相當廣大的空地，而且寒冷的地方也不適合使用。

◀圖為太陽熱能發電廠。利用大量的透鏡將太陽光集中於一點後，收集以用於發熱。

我已經先將夏天的炙熱陽光，蓄積在地底下。

太陽光電與其他的發電方式完全不同？

接著，我們來談談太陽光電。現今大規模的發電系統大多使用渦輪發動機來產生電力，但太陽光電卻不一樣；太陽光電是利用稱為「光電效應」的物理現象來發電。我們簡單說明一下吧！所有的物質都含有無數個眼睛看不到的微小「電子」，電子接收到光線後會吸收能量，讓電子變得活潑。這個時候，將電子接上電極去引導電子的流動，就會產生電子流＝電流，電力因此產生。活用這種物理現象所製作出的更有效率的發電產品，就是太陽能電池（或稱為太陽能板）。

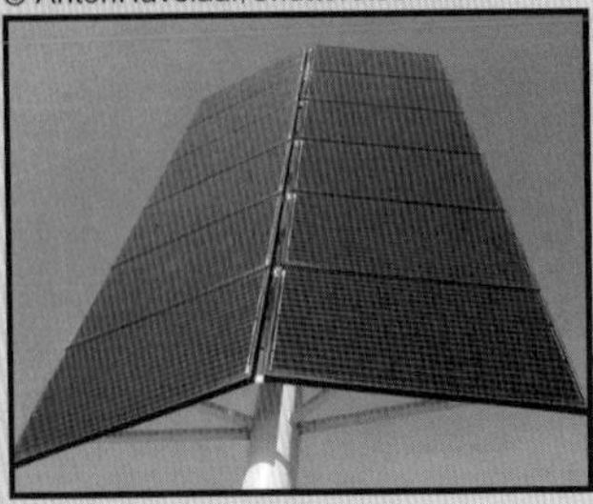

▲ 透過電子的流動來產生電力的太陽能電池。不需要渦輪的發電方法非常獨特。

太陽能電池模版的構造

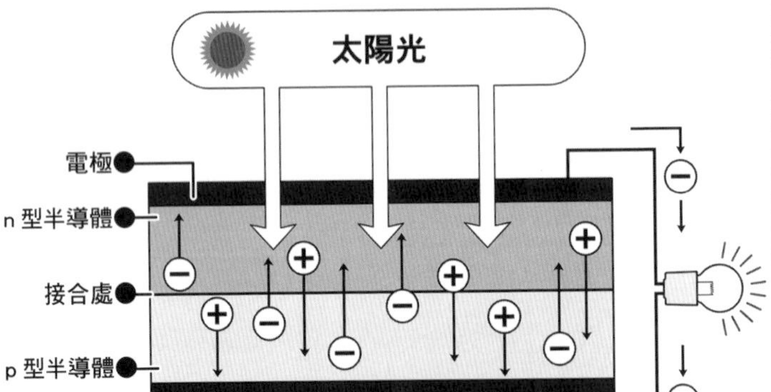
太陽光
電極
n 型半導體
接合處
p 型半導體
電極

一般太陽能電池的構造就像上圖一樣。負電子從 n 型半導體的外部迴路流出（發電）並向 p 型半導體移動後，與帶正電的粒子「正孔」相遇後相互抵消。只要持續照射到太陽光，這個現象便會繼續進行。

插圖／加藤貴夫

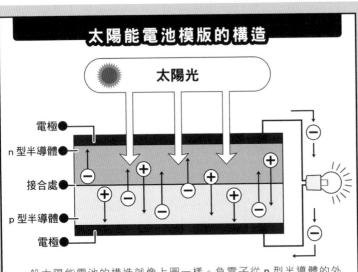

太陽能電池依材質與構造可分爲三種

太陽能電池依材質與製作方式的不同，大致可分為三大類。各種電池的成本與「發電效率」（接收到光能中的多少百分比可被轉變為電力的數值。由於太陽能板表面會反射光線，電池內部也可能發生能量耗損，所以發電效率不可能為百分之百）都不一樣，得依需要選擇適合的種類喔！

太陽能電池的主要分類

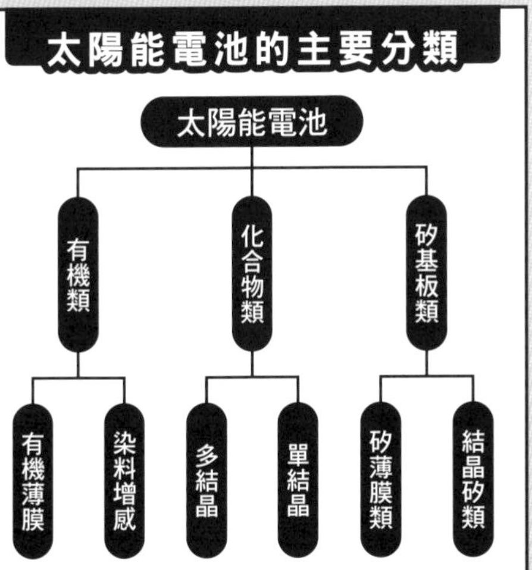

進一步細分後有 10 種以上的電池。這些多樣性的變化，代表未來可能出現更高性能的太陽能電池。

現今最普及、市占率高達百分之九十的是矽基板類的太陽能電池。雖然是六十年前就開發出的太陽能電池原型，仍舊擁有接近百分之二十的高發電效率。不過，因為需使用高純度的矽，缺點就是成本偏高。化合物類的太陽能電池差異性很大，有的成本與發電效率都偏低，也有的比矽基板類太陽能電池的價格與發電效率都高。至於有機類的太陽能電池雖然成本低且發電效率高，但尚未發展至可普及實用的階段。

特別專欄

愛因斯坦是因爲太陽能電池而獲得諾貝爾獎？

提到 20 世紀最偉大的天才物理學家愛因斯坦，大部分的人都認為相對論是他最了不起的功績。事實上，他是因為對於光電效應的研究成果而獲得諾貝爾獎。雖然這的確是與發明太陽能電池有關的偉大研究，但據說另有內幕。因為當時的學界認為相對論太先進，還無法被大眾完全接受，所以他是因光電效應的研究獲頒諾貝爾獎。雖然是傳聞，但很有趣吧！

插圖／高橋可奈子

太陽能發電的未來前景如何？

如果在戈壁沙漠架設太陽能發電廠，就能解決人類的能源問題？

考慮到太陽照射到地球的巨大能量，便可得知太陽能發電將會是未來主要能源的首要候補選手。事實上，如果在戈壁沙漠（從中國延伸到蒙古，總面積一百三十萬平方公里的世界第四大沙漠）上鋪滿現今使用的矽基板類太陽能電池，據說可以提供全人類所需要的電力。

© Meg Wallace Photography/Shutterstock.com

不過，現實中太陽能的發電量在整體電力使用中只占了不到百分之一。與同為再生能源的風力發電相比，也不到風力發電的七分之一。我們必須好好考慮一下，為了讓太陽能發電更普及，我們該做些什麼？

繼續研究如何提高能量的轉換效率

首先，我們必須先提高發電效率。例如，最近開始普及的混合型太陽能電池，是將複數的太陽能電池重疊，透過分別吸收不同波長的光來提高發電效率。此外，關於有機無機混合的次世代太陽能電池的研究也持續進行。由於這類電池較薄較軟，對光的吸收力較高，即使成本低也可獲得不錯的發電效率。

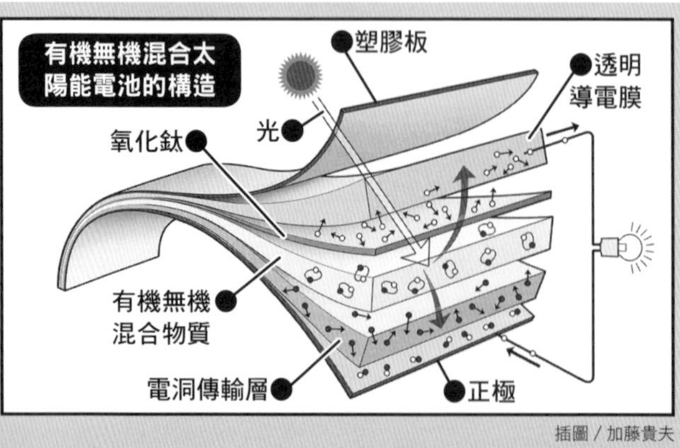

插圖／加藤貴夫

插圖／佐藤諭

蓄電池的性能與初期成本等各方面，尚有很多需要解決的課題

太陽能發電的弱點在於夜間無法發電，或是遇到陰天或下雨時，發電量會下降。還有，一如前面說過的，電力並不容易儲存。如果要依靠太陽光來供應全世界的電力，就需要考慮各種方法才行，例如，在各地廣設發電廠、開發更高性能的蓄電池、架設出能連結全世界的輸送電力線，並實際做出智慧電網（能透過電腦控制，將電力供需維持在最佳狀態的系統）等等。此外，因為太陽能電池目前仍然算是高價的製品，為了確實推廣，便需要想辦法來降低初期的成本開銷。

由此可知，太陽能發電還有許多必須克服的課題。即使如此，我們依舊確信，太陽能絕對是蘊含巨大能量的資源，而且能夠幫助人類解決資源與環境問題。

特別專欄

有可能實現夢幻的宇宙太陽能發電嗎？

所謂的宇宙太陽能發電是指將巨大的太陽能板發射到衛星軌道上以進行發電，然後將電力轉換為電磁波（微波或雷射光）後傳送回地球的構想。宇宙裡，並沒有會阻礙太陽能發電的雲。此外，由於太陽光在抵達地球前，光線會因為被途中經過的大氣吸收而減少。在宇宙裡發電，然後用大氣穿透率很高的電磁波將能量送回地球，不但可以減少能量的損失，也能將發電效率提高許多倍。

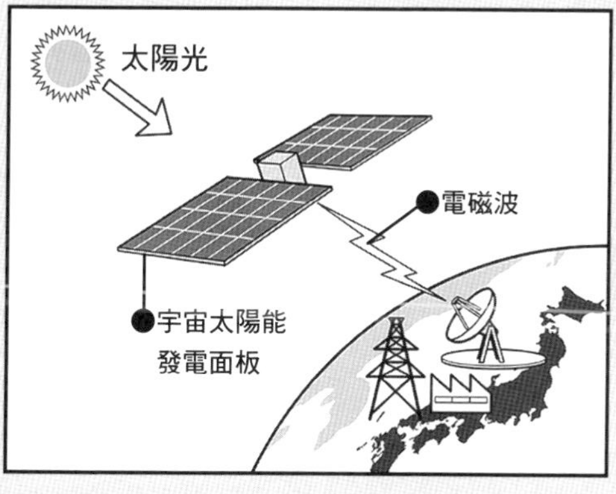

現今，日本正在 JAXA（宇宙航空研究發展機構）上進行預計可於 2030 年實用化的發電研究。但是在發射的成本與維修的開銷上，還有許多尚未解決的問題需要努力。

插圖／加藤貴夫

強力電池

學習繪本
雨滴男孩
嗯……
嗯……
你肚子痛啊？
很久沒讀到這麼有趣的書了，
我很感動啦。
這是之前小奇來我們家玩忘記帶走的繪本嘛。
管它是不是繪本，好看就好啦！
從天而降的水滴男孩落在巨大的水壩裡……

然後轉動發電機產生電力，
電力再經由電線傳送到各個地方，
點亮電燈、讓工廠的馬達運轉、提供電車動力。
那個小小的雨滴居然能讓巨大的電車移動耶!!
我知道啦，是水力發電啊。
所以我有一個想法。
嗯，思考是一件好事情。
我的力氣很小，每次都被欺負…
不過如果我把力量儲存起來使用，應該就會變強了吧。
你難得想到好主意呢！
我有一個很適合你的道具喔。
「強力電池」。
先將電池裝進盒子，再將電線接到兩手上。

超強能源尋寶機Q&A

Q 時至今日，地球上的降雨總量比全部的海水加在一起還多。這是真的嗎？

A 真的。地球的降雨量約為五十萬立方公里，大約下個三千年就和海水的總量一樣多了。

只要讓大家見識我的力量，就沒人敢取笑我了。
挑戰書
該死的胖虎，你每次都吹噓，沒人比你厲害，這次就來看看誰比較強吧？
大雄
你怎麼馬上做這種無聊的事情啊……
別管了，幫我送去吧。
我先儲存力量。
カーッ
※生氣
可惡的大雄!!
那不是我寫的喔。
我就如他所願！
叫他來空地等我!!
終於存到一半了。
對付胖虎這樣就夠了吧。
大雄!!

超強能源尋寶機Q&A

Q 日本第一的水力發電廠在哪裡？①北海道②靜岡縣③鹿兒島縣

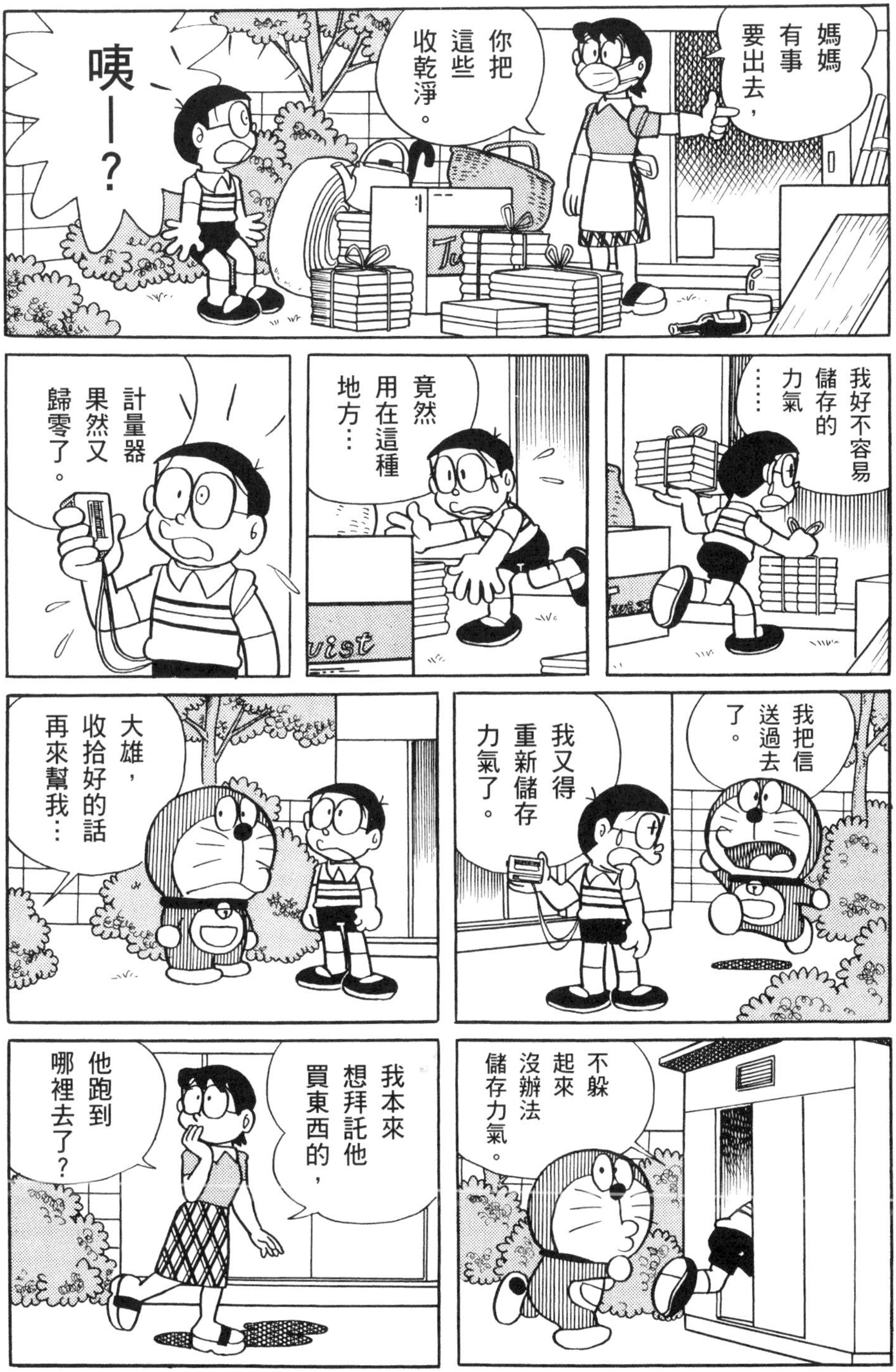
媽媽有事要出去，
你把這些收乾淨。
咦——？
我好不容易儲存的力氣……
竟然用在這種地方……
計量器果然又歸零了。
我把信送過去了。
我又得重新儲存力氣了。
大雄，收拾好的話再來幫我……
不躲起來沒辦法儲存力氣。
我本來想拜託他買東西的，
他跑到哪裡去了？

A ②靜岡縣。使用佐久間水庫的佐久間發電廠之送電量雖為日本第三，但因為水力豐沛，所以年發電量是日本第一。

大雄根本沒來嘛。
大概是怕得不敢來了吧。
我去帶他過來。
請問大雄在家嗎？
他不在耶。
小夫來找你了。
力氣只存了一半左右。
也差不多該赴約了。
門被鎖死了!!
大雄逃跑了~
果然是個膽小鬼。
什麼!!
力氣又用光了。
明明有「穿透環」能用啊。
※碰

你還要重新儲存啊？
胖虎叫我們去找大雄。
主動找人挑戰卻逃跑，太狡猾了啦。
你叫胖虎再等我一下。
不，我不等了，叫他立刻過來!!

也差不多該赴約了，
到達現場前要好好儲備力量喔。
不管有任何事，都不能亂用。
我絕不會亂用的!!
汪汪!
不准跑!!
我買太多東西了。
真是辛苦妳了。
就快到達空地了……
力氣儲滿了嗎？
儲滿了，都快滿出來了呢！
好，出發!!
ブブブウ
※叭叭叭

超強能源尋寶機Q&A

Q 為什麼要把拱型壩做成圓弧狀？

① 美觀 ② 抗壓力強 ③ 建築方便

危險啊。
又變成零了啦。
沒辦法了，只好乖乖挨揍了。
胖虎他嚇得逃走囉。

A ②抗壓力強。因為拱型能分散壓力並給予適當的支撐，是常被使用於橋梁或建築物的構造。

自古以來便廣受愛用的水力能源！

水力能源是從哪來的？

水力是人類自古以來便廣為使用的自然能源之一，中國或歐洲都有距今兩千年前便開始使用水車的紀錄。利用水車汲取河川等水流，除了可用於灌溉廣闊的農地，也可透過水車的旋轉來幫忙人類進行如製粉、木材加工、紡織等工作。日本在一千五百年前就有開始使用水車的紀錄，江戶時代會利用水車來碾米或是幫米去殼。只要水持續流動就可以二十四小時持續工作的水車，比起人力或動物力，都是更有效率的動力來源。

▲日本傳統的龍骨水車小屋。不僅日本，世界各地都有類似的裝置。

沿河而下，你大概會想像沿途一面看著風景、一面乘著小船的畫面吧！但在過去林業發展興盛的日本，沿河而下指的是將山上砍下的木材紮成木筏，利用水力將木材運到下流的意思。如果沒有水力，或許也無法形成日本的木造建築文化。關於水力運用，不只限於大規模的使用。我們身邊就可見到的抽水馬桶，每個人都使用過吧？利用抽水馬桶上方儲水槽裡的水將馬桶沖乾淨，便是善用水力的一個好例子。如第十六頁中的說明一樣，只要有太陽和水，水力就會是一種幾乎取之不盡用之不竭的再生能源了。

▲地球整體的水循環就是水力的源頭。

插圖／加藤貴夫

水力發電的構造

世界上最早的水力發電是在一八七八年由英國的威廉・阿姆斯特朗（William Armstrong）所發明的。

水力發電的基本構造，與自古以來的水車大致相同。以水力讓水車轉動，透過齒輪來調整轉速而後連接上發電機以進行發電。

如果想利用水力來生產更多的電力，有兩個方法。其一是提高水車的效率。法蘭西斯式水車（法蘭西斯式水輪機）是將水車設置於螺旋狀的外殼中，讓水沿著外殼流動來推動水車。水車中的效率也很高，可將百分之九十的水力都傳遞到發電機上。至於佩爾頓式水車，則是以水壓將水流噴射到水斗狀扇葉上來帶動水車，多使用於高低差較大的發電廠。

另一種是透過拉大水的落差或壓力來發電。由河川上流取水，可開通比河川更穩定的水道，並增加與下流發電廠的高低位差，這樣的發電法稱為「水道式」；以水壩攔取河川水流後，在蓄水池中蓄積大量的水，以增加水壓，這樣的發電法稱為「水壩式」。混合使用這兩種方式，使水力發電在日本整體發電量中占了大約百分之九這麼多。

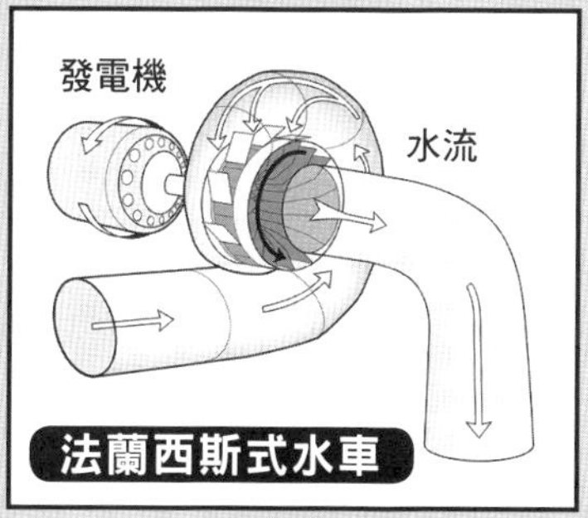

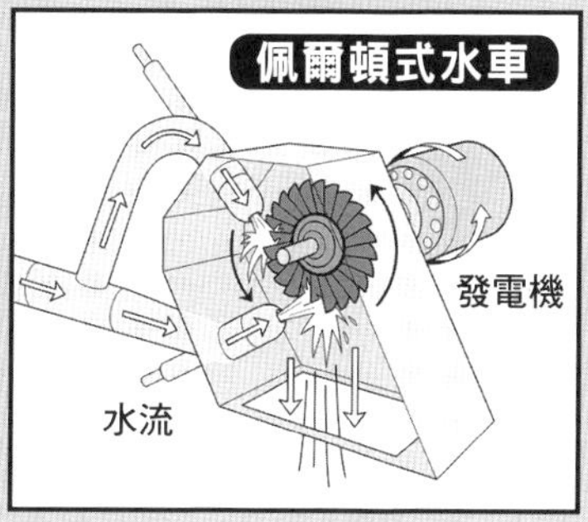

插圖／加藤貴夫

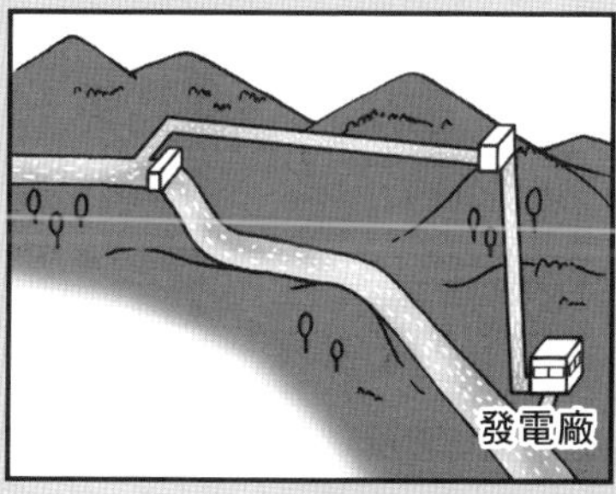

◀直接利用自然界的河川水源來發電的「水道式」。

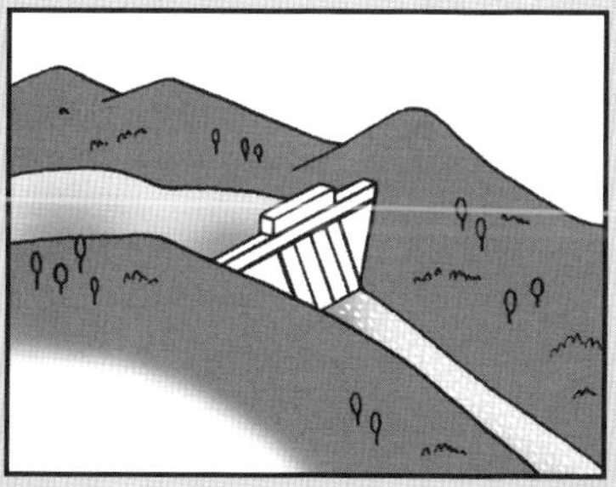

◀蓋好蓄水池後，也可應對不同季節水量變化的「水壩式」。

插圖／佐藤諭

點亮電燈、
讓工廠的
馬達運轉、
提供電車動力。

建造巨大水庫的時代

© takegraph/Shutterstock.com

富山縣的黑部水壩（如圖）是日本具代表性的巨大水壩，高一百八十六公尺，長四百九十二公尺，攔阻蓄積的水量（儲水量）約為兩千億公升。工程歷時七年，動員約一千萬人次參與建造，終於在一九六三年建造完成。時至今日仍是日本第一高的水壩。

至於蓄水量，則是以二〇〇八年完工的德山水壩最為傲人。其蓄水量約六千六百億公升，為黑部水壩的三倍，等於五百二十個東京巨蛋，也是日本最大。

世界上也正在開發更為巨大的水壩。正在塔吉克共和國建造的羅貢水壩，比東京鐵塔還高了三百三十五公尺。埃及尼羅河上的亞斯文水壩，高度雖然只有一百一十一公尺，長度卻有三千八百三十公尺。非洲的尚比亞與辛巴威所共有的卡里巴水壩高一百二十八公尺，長五百七十九公尺，水壩本身並不算非常巨大，但是卡力巴水壩所形成的卡里巴湖，面積約為琵琶湖的八點三倍，總儲水量也是世界最大，總共一百八十兆公升的水量，約為德山水壩的兩百七十倍，相當驚人。

不過，這些大規模的開發一定會對自然環境造成影響，最大的影響便是讓某一地區直接沉沒至湖底，包含當地的居民在內，原本生存於該地區的生物都必須全數遷移。此外，水壩下游的河川也會變得混濁，若無法攔阻從上游流下的土壤砂石，便會發生改變地形等各種不同的影響。因此，如果能盡量減少對下游的影響，就代表我們使用水壩的方式也跟著進步了。

可與環境共存的中小型水力發電

相對於使用大型水壩且對環境影響巨大的大規模水力發電，直接利用原本的水流且對環境影響較小的小規模水力發電越來越受矚目。

例如，直接利用山間的溪流或農業灌溉水道等常見的水源來發電，產生的電力可供附近設施使用。此外，由淨水場到配水廠的水路管線、工廠排出的水、下水道的水等平時看不到的地方所擁有的水或水位高低差，也可用於發電。

此外還有這樣的例子。許多高樓中都有用來循環空調裝置冷卻水的冷卻裝置。將高樓層使用過後的冷卻水送至地下室的冷卻槽中降溫，然後再將冷卻水送至上方的樓層。這些向下流到冷卻槽的水也可用於發電。雖然發電量大概只夠一般家庭約三、四戶使用，但優點在於的確活用了至今未曾使用過的能量。透過使用許多不同的水車來善用小小的能量，能讓水力發電更加順應各種環境。

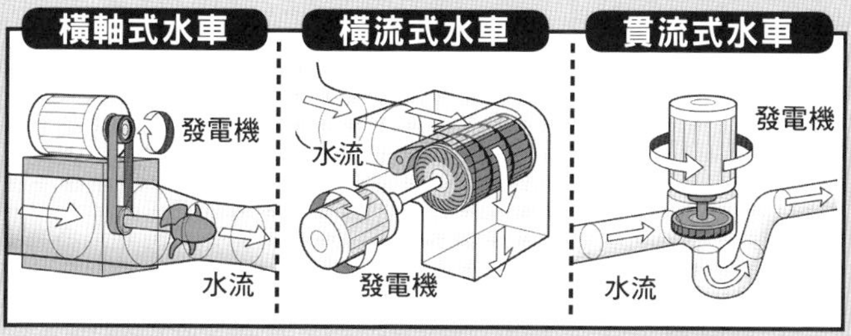

▲為了能以較少的水量或高低位差來進行發電，需要利用各種不同的水車。

插圖／加藤貴夫

特別專欄

透過抽水蓄能發電所製作的巨大電池

抽水蓄能發電也是一種水力發電。先用幫浦將水抽到上方的儲水池，然後再利用讓水流到下方儲水池的力量來進行發電。為了把水抽上來，必須使用電力讓幫浦抽水，因此，抽水蓄能發電裝置可說是一個使用蓄水池的巨大電池。

此裝置可使用電離峰時間剩餘的電力拿來充電。雖然目前這個裝置所產生的電力只有70%來自於本身產生的電力，但以現在的科技來說，可是少數能大量充電的方法呢！

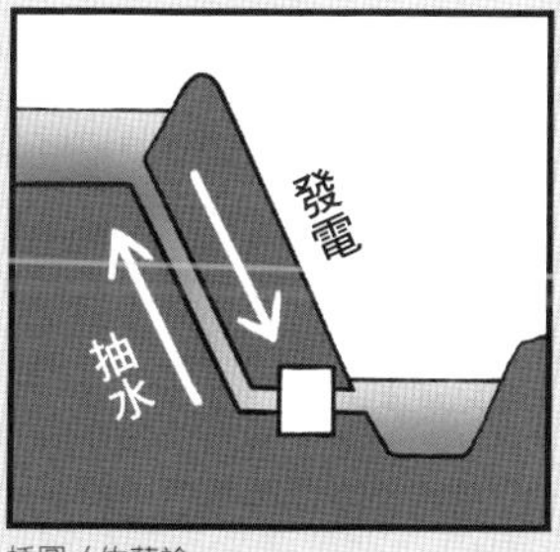

插圖／佐藤諭

「芭蕉扇」的使用方法

我家的庭院很寬廣，而且樹也種很多，
所以只要推開玻璃門…
ガラガラ
※嘎啦嘎啦
清爽的微風，混雜著芬多精的味道，散布到整個家裡。
真的耶！好像在輕井澤。
氣氛真好耶！
你們可以慢慢享受。
大家應該不想回去狹小的家裡吧！
不過…人數好像有點太多了。
原來如此！難怪我總覺得風變得有點燥熱。
有沒有人要回去啊？
看吧~又開始了。

超強能源尋寶機Q&A

Q 日本觀測史上曾測得最大風速的地點是在富士山。這是真的嗎？

A 真的。在一九六六年九月二十五日於富士山山頂所測得的南南西風為每秒九十一公尺，是紀錄上測得的瞬間最大陣風。

※呼
好溫暖喔～
聞到一陣香甜的水果味。
這是南國的風喔！像是夏威夷或大溪地。
ソヨソヨ
※徐徐微風
這把扇子可以搧出任何的風啊！
沒錯，所有種類的風。
我要去試試各式各樣的風。
你可不要亂用喔！
真的好舒服喔！
我可以每天都來嗎？
啊！這個可以……
盛夏的熱帶風。
酷熱又充滿溼氣的風……
ジトー～
※熱氣
哇啊！這是怎麼一回事？

超強能源尋寶機Q&A

Q 穩定的風力發電所需的風速是每秒多少公尺？ ① 3公尺 ② 6公尺 ③ 12公尺

A ②6公尺。需要的風速至少需能讓砂粒立起、讓小樹枝搖動。每秒3公尺是微風，每秒12公尺便可以讓電線發出拉扯聲了。

謝謝你!!
我想到一個好玩的遊戲了。
由下往上吹!
咻咻咻
可以乘著風上上下下。
哇啊!好好玩!
ゴオ
把「芭蕉扇」借給大雄是個錯誤。
他一定又會用在不正當的用途上!

※轟

譬如說把裙子吹起來…
或是用颱風把浴室的牆壁吹倒。
你這個大色鬼!!
我沒有做那種事啊。
你真的沒有用在不正當的地方嗎？
我真的沒有啦!!
バサ
※啪沙
在家裡的颱風平息之前，不要進去。
ゴオオ
※轟轟轟

將在地球上循環的風轉化爲能源

大氣循環與風力能源

帆船，應該是人類最早開始利用風力的例子。根據古埃及文明的壁畫，在距今約八千至六千年前，尼羅河上便已經有帆船開始在上面航行。風車的歷史也滿久遠，距今至少四千年前，人類已經開始使用風車。

風會在什麼時候、從哪裡吹過來？是一件很難預測的事。但是在有些地區，風向幾乎都是相同的。大航海時代的船員們發現了這件事，因此將靠近赤道附近的東風稱為「貿易風」，中緯度吹拂的西風則稱為「西風帶」。發現通往美洲大陸航道的哥倫布，便是靠著這兩股風在大西洋上航行。如第十六中頁所提到的，大型的大氣流動是導因於太陽能。因為太陽的能量讓海水變暖，讓海洋上空出現上升氣流因而帶動空氣流動，才形成了風。再加上地球自轉的影響，於是讓風遍及了整個地球。

只要有太陽、地球繼續自轉，風力，便會一直都是取之不盡、用之不竭的再生能源。

影像提供／JMETS（海技教育機構）

▲代表日本帆船航行歷史的帆船「日本丸」號。

© Federherz/Shutterstock.com

▲法國的風車。

▼大氣是以整個地球為規模的大型循環。

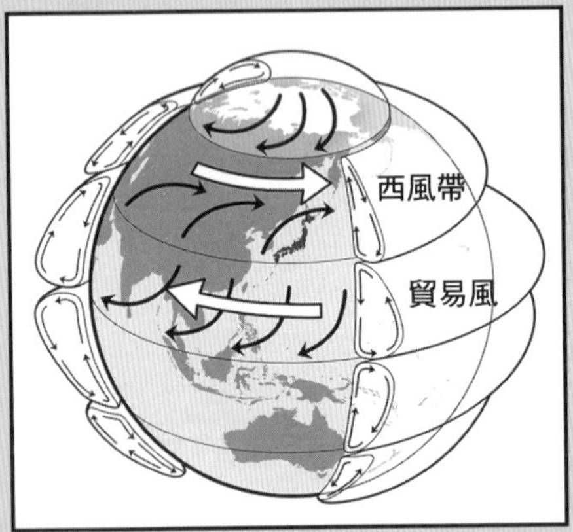

插圖／加藤貴夫

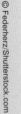

風力發電的構造

風力發電的基本原理是以風力帶動螺旋槳（風車），再利用螺旋槳來帶動發電機後產生電力。完整的風力發電裝置稱為「風力發動機」。

使用巨大的螺旋槳是因為希望讓收到的風力與螺旋槳的回轉面積成正比。例如，如果將葉片的長度增長為三倍，收到的風力便會增強九倍。隨著空氣動力學的進步，螺旋槳的性能也獲得提升，甚至還能夠透過電腦來控制葉片的方向，讓接收到的約百分之五十的風力能量都可傳遞至發電機上。大型風車的回轉力雖強，但是轉速從一分鐘五轉到三十轉都有。因此可以加入能夠將風力轉換為速度的加速機，就可增加發電機的出電量。

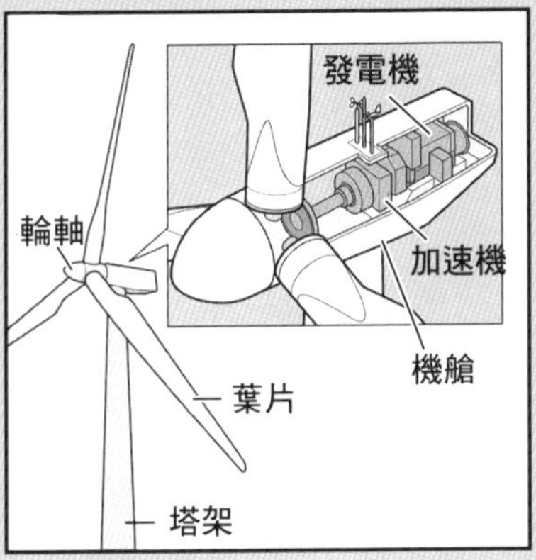

插圖／加藤貴夫

無懼颱風的巨大風車

雖然風力越大，風力發電應該就可產生更多的電力，但事實並非這麼簡單。一旦遇到像颱風那樣的猛烈風勢，螺旋槳可能因為轉速過快、產生過大的離心力而把葉片弄壞，甚至可能造成發電機損壞。

因此，必須裝置能限制風速的煞車設備，來調整葉片的角度，讓葉片不會接收到太大的風，或是裝置能暫時關掉發電機的安全設備。在容易遭受颱風侵襲的沖繩，甚至還引進了可以在颱風來臨前，將風車放倒以避免損害的「可倒式風力發動機」。

▼圖為可倒式風力發動機。為了能讓發動機倒下平放，所以只有兩片葉片。

影像提供／ Okinawa Eletric Power Company

持續發展的風力發電現況

讓許多風車同時旋轉的風電廠

為了善用適合風力發電的地區，設置了可裝設許多風力發動機的風電廠（風力發電廠）。雖然在日本，風力是日受矚目的新能源，但在世界上已經是一種主要的能源資源。當中特別積極開發風力發電的國家，包括中國、美國、德國、西班牙與印度等國，讓全世界的風力發電量每年都增加百分之十以上。

在中國或美國等大型風電廠中，甚至設置有高達五百台以上的風力發動機。

© RudmerZwerver/Shutterstock.com

▲由迎風矗立的風力渦輪發電機群所組成的風力發電廠。

發展中的海上風力發電

跟其他國家相比，日本的陸地雖然不大，但主權所及的海域面積可是世界第六大。事實上，比起在陸上，海上的風力不但比較強且比較穩定，因此，海上風力發電也獲得了越來越多的關注。雖然英國與丹麥等國都在努力開發海上風力發電，但相同的方式卻很難引進日本，因為英國與丹麥、挪威間廣闊的北海之平均水深約為九十公尺。從沿岸到淺海的廣大海域深度約為十公尺到三十公尺。在這

影像提供／ Fukushima Offshore Wind Consortium

▲浮在海上的風力發動機，名為「福島未來」。

片淺海的海底所架設的風力發動機多為「著床型」。但與日本相鄰的太平洋，平均水深為四千兩百八十公尺，日本海的平均水深也有一千七百五十二公尺，是片相當深的海域。

因此，近期已於福島縣近海引進可用於日本近海的「浮體型」海上風力發動機，並進行運轉實驗。浮體型，顧名思義就是像船一樣，利用台座浮在海上，再將風力發動機架設於台座上。可輸出兩百萬瓦電力的風力發動機的葉片長約四十公尺，由海面起算的高度約為一百公尺。而世上最大的七百萬瓦等級的風力發動機，葉片長約為八十公尺，高度則為兩百公尺，幾乎與東京新宿地區的高樓一般高。看到這麼巨大的風車漂浮在海上，應該是件很驚人的事吧！

已發展出更環保的風力發電爲目標

雖然風力發電在發電時幾乎不會產生廢棄物，但也出現了新的問題。巨大螺旋槳所產生的風切聲、發電機的運轉聲等噪音，以及人耳聽不見的低週波聲響，都會對人類產生影響。此外，也曾經發生過鳥類被捲入風車的意外。

因此，即使設置在海上，仍必須考慮對海洋生態與漁業環境的影響，也必須確保周邊通行的漁船安全。此外，也曾經出現過氣象雷達觀測被風力發電設施干擾的例子。針對這些新出現的問題，我們必須慎重看待並提出因應的對策。

插圖 / 佐藤諭

特別專欄

從宇宙觀測海上的風力

雖然在陸地上很難測定海上的風力，但可利用地球觀測衛星所獲得的數字來判定。透過高精密度的雷達觀測，連海浪高度都可清楚得知，當然也可分析出風力的大小。

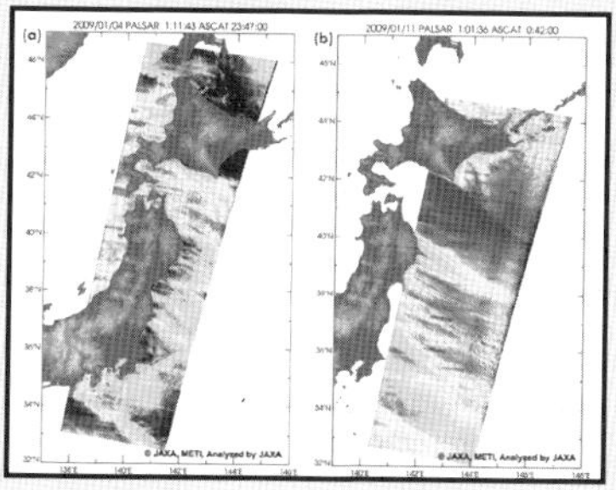

影像提供 / JAXA（宇宙航空研究開發機構）、METI（經濟產業省），由 JAXA 分析

▲ 地球觀測衛星的雷達觀測圖。顏色較深的地方就是風較強的地方。

善用各種風車的風力發電

由下往上吹！
咻咻咻

不只有螺旋槳型？

螺旋槳型的風車是利用穿過升力型葉片周圍的風力來回轉的風車。相反的，像帆船的帆一般將風攔阻後再轉動的風車，則與風車小屋的風車和玩具風車的原理相同，又稱為「垂直型風車」。這類風車和螺旋槳型般將回轉軸橫放的構造不同，是將回轉軸垂直立起後讓風車水平回轉。三百六十度無論哪個方向來的風都可讓風車回轉，不需要依據風向來改變風車的方向，所以既省空間又節省成本，多使用於小型的風力發動機。如果不知道那是風車，大概會以為是某種天線吧！依所需的能源效率、規模或設計功能所製作的各種風車，廣泛的使用於我們的生活中。

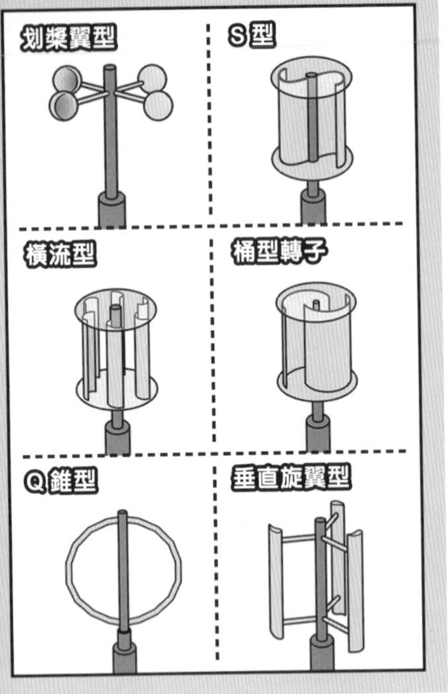
划槳翼型
S型
橫流型
桶型轉子
Q錐型
垂直旋翼型

插圖／加藤貴夫

特別專欄

關於空中風力發電機的構思

事實上，越高空風力就越強。因此，目前正在執行利用氣球或螺旋槳將風力發動機送到空中進行發電的研究。如果風車不需要架設在土地上，發電成本應該可以降低很多吧！

插圖／佐藤諭

海水控制器

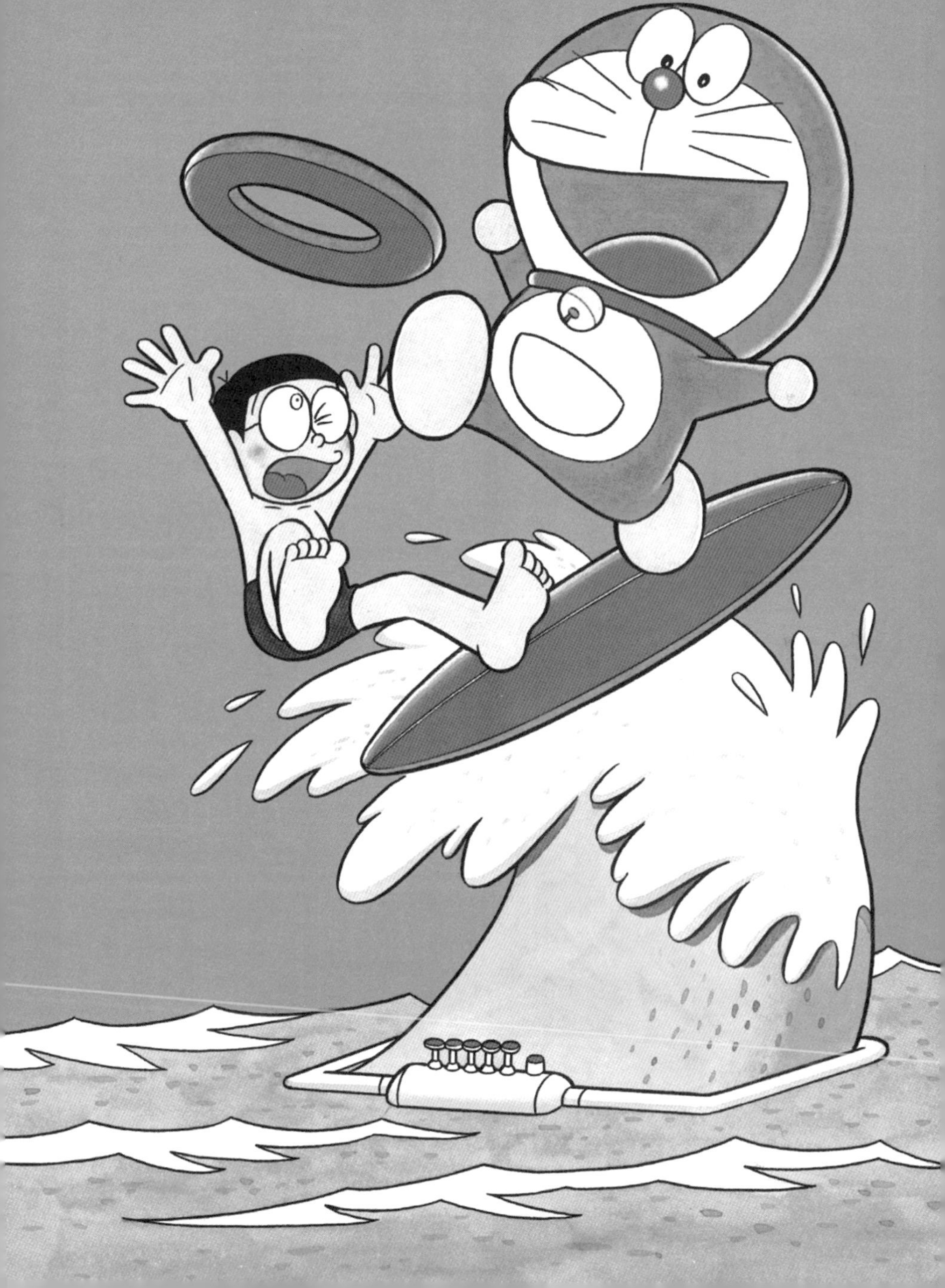

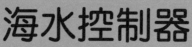

很帥吧！
小吉哥是衝浪達人喔。
現在我也在跟他學衝浪呢！
好好喔～
就是啊。
好！我也要來練習。
大雄怎麼可能學得會啊。
哆啦A夢～
給我「技術再差也能衝浪機」啦。
哪有那種道具啊。

超強能源尋寶機Q&A

Q 要怎麼測量洋流的速度？①用雷射光 ②用雷達回波 ③用超音波

況且你根本不會游泳吧。
那給我「技術再差也能游泳機」。
我不給！
你怎麼可以依賴道具呢。
這樣下去我會被大家嘲笑啊。
我不要啦～
你要好好練習喔。
來這裡不會有人看到的。

A ③用超音波。讓超音波在海上振動，就可從與海流一同漂流的物質收到反射，進而計算出流速。

好～來盡情游泳吧。
海浪好可怕喔。
ザザザ
※沙沙沙
真拿你沒辦法。
「海水控制器」。
這個道具，
可以改變框框裡的海水喔。
按下這個按鈕，海浪就會停下來。
這樣就不可怕了吧。

超強能源尋寶機Q&A

Q

日本擁有比較多偏黑色還是偏白色的沙灘？①偏白色 ②偏黑色

好冰喔～
那就按下這個……
好溫暖～
這樣冬天也能游泳了。
再調溫暖一點吧。
啊…不能隨便亂按啦。
好燙啊！
你會被燙傷啦。
你看，熱昏頭了吧！
我有點事情要出去，
你要認真練習喔。
好。

A ②偏黑色的沙灘。因為日本火山很多，所以海沙多含有因火山活動所造成的礦物質，因而顏色偏黑。

※啪喳啪喳
好累喔。
這是什麼按鈕啊？
是流動泳池耶。
不用游泳也會自己動。
真輕鬆呢！
再快一點吧。
※噗嚕
ブルーン
グルグル
※碰
※咕嚕咕嚕
我不玩流動泳池了。
再按按其他按鈕吧！
※吐
にゅう
是衝浪板耶！

啊……
海浪會動。
哇！好有趣喔。
ザザザ
※沙沙沙
ザザザ
※沙碰
ザバ
※沙沙沙
不是跟你說過別亂按嗎？

利用豐富的海洋能源

是流動泳池耶。

海洋的能源都蘊藏在哪裡呢？

海洋中蘊藏著許多不同的能源。眼睛就看得到的波浪與洋流等海水的運動能量，便是海洋能源的代表。其他還有潮汐的漲退潮所帶動的位能、海水溫度差所擁有的熱能，以及將海水的不同鹽分濃度當做化學能的海水鹽差能發電等技術。

插圖／加藤貴夫

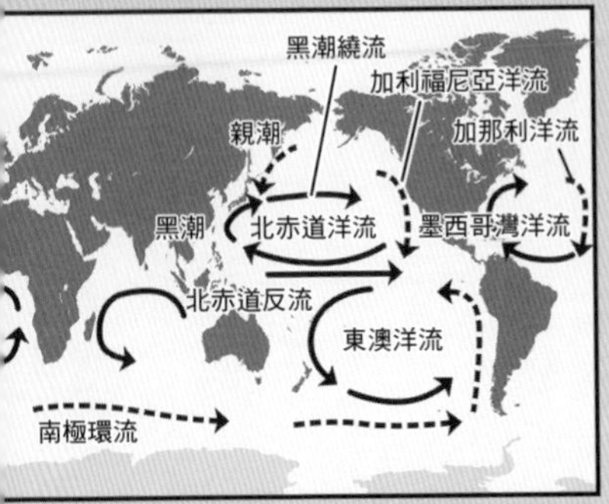
黑潮繞流
加利福尼亞洋流
親潮
加那利洋流
黑潮
北赤道洋流
墨西哥灣洋流
北赤道反流
東澳洋流
南極環流

▲ 地球表面約有70%被海洋所覆蓋，地球是海洋能源的寶庫。

在第一六四頁中所介紹的海上風力發電，是利用海上風力較強且穩定的特色來發電，也算一種對海洋能源的活用。

對於四周環海的日本來說，海洋就是一個能源的寶庫。

使用波浪力量的波浪能發電，擁有超乎意料的悠久歷史

幾乎所有的海浪都是因為海洋被風吹拂後所形成的。就像風力導因於太陽能一般，波浪也是太陽能改變地球環境的一種方式。

波浪能發電最常被使用的方式，是將波浪的力量引導至狹小的空間裡，擠壓空間內的空氣後推動渦輪發動機的振盪水柱式發電機。其他已開發出的還有利用鐘擺或浮標來獲取波浪力量的機械能，以機械能來發電的波浪震盪衝擊發電機，及利用浮體傾斜度的陀螺發電機等。

振盪水柱式發電機的構造。

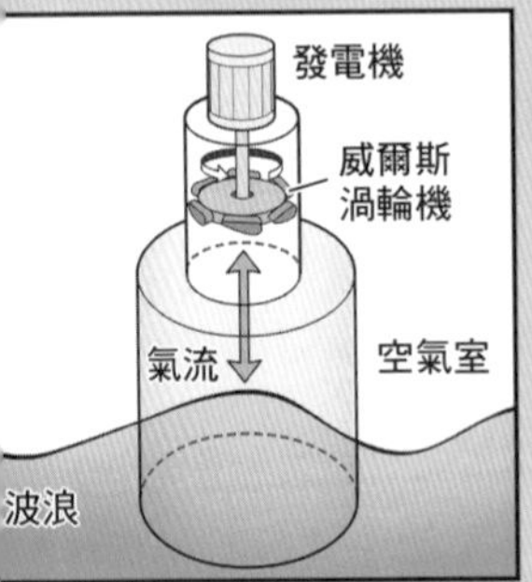
發電機
威爾斯
渦輪機
氣流
空氣室
波浪

插圖／加藤貴夫

▼ 波浪能發電浮標

A

影像提供／RYOKUSEISHA CORPORATION

波浪能雖然是受到矚目的新能源，但將波浪用於發電的歷史卻出乎意料的久遠。振盪水柱式發電機早在五十年前就被開發出來了，至今已供電給超過一千座以上的燈塔或海上浮標警示燈使用，已經是一種具有實際功動的能源。雖然大規模實用化的波浪能發電還在草創階段，但以線性發電機來提高發電效率的新世代研究，已經在進行當中。

利用海流力量的洋流發電

在廣闊的海上，海水朝著一定的方向流動便稱為洋流。在與日本相鄰的北太平洋上，因為太陽能而引發的風循環與地形及地球自轉的能量加總在一起，便形成了大型常態性順時針回轉的洋流循環。當中由日本近海南方往東方流動的黑潮，就是世界知名的洋流，流幅約一百公里，流速為每小時七公里，估計每秒有兩百億公升的海水在流動中。

利用洋流發電不但優點很多，而且發電構造也並不困難。因為洋流幾乎以相同速度往同一方向流動，所以只要在洋流交會處裝置水力渦輪發動機就可進行發電。不過，因為架設在海上，所以維修上有一定的難度，且需要很長的海底電纜才能送電，不過日本在這方面的技術已經很成熟。

多數的自然能源都會因為季節、晝夜的變化而產生巨大的變動，但波浪或海流等能源卻幾乎沒有什麼變動。因此，可望成為一年三百六十五天，一天二十四小時都可以發電的「基載電力」。

不過，利用洋流發電可能導致洋流的能量變弱。所以，即使太平洋的循環被稍微弄亂一點點，都會讓人擔心會不會因此造成天氣異常。此外，水力渦輪發動機的回轉可能導致海中的環境出現變化，而且可能有撞上洄游的魚或鯨豚等海洋生物的危險。

現在的技術能提取的能量雖然只占洋流整體能量的一小部分，但還是必須在注重環保的前提下善用才行。

▼開發中的水中浮遊式洋流發電。採取對向雙螺旋槳，可以穩定的浮在水面上。

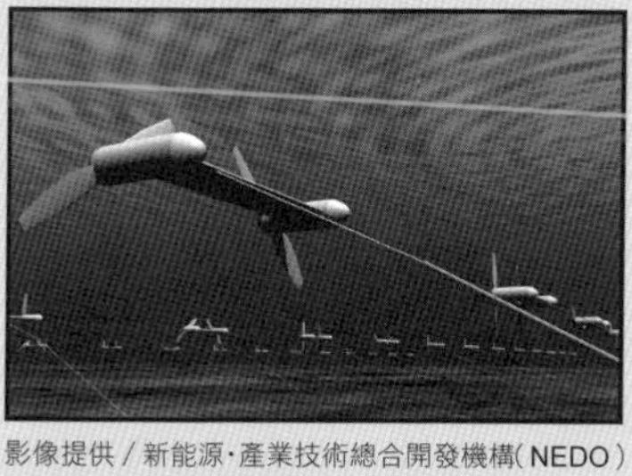

影像提供／新能源·產業技術總合開發機構（NEDO）、IHI Corporation

這樣冬天也能游泳了。

海洋能源還有更多不同的活用方式！

什麼是海洋溫差發電？

赤道附近的海域因為太陽光照射的關係讓表層溫度變高，是一片水溫超過攝氏三十度的海域。事實上，海水並不容易變熱。赤道正下方的海水中，水溫較高的地區僅有水深一百公尺左右的淺海區。在一百公尺的深度內，水溫可從攝氏二十四度降到四度，但超過一百公尺以下的海水在溫度上則幾乎沒有什麼變化。

插圖／加藤貴夫

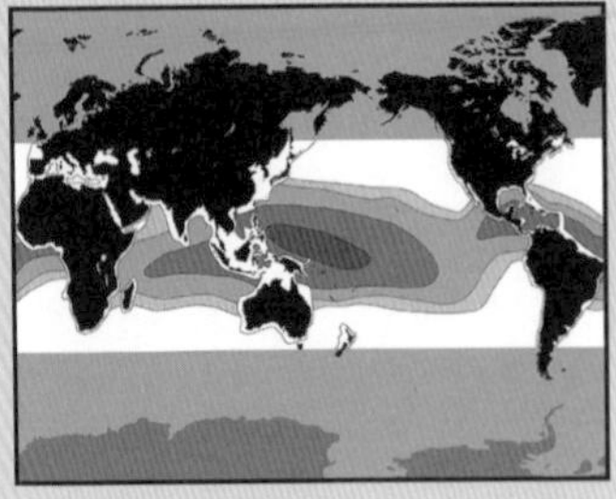

▲赤道附近顏色較深的部分代表的是溫差較大的海域。

將表層與深海的溫差能轉為電能並提取出電力的方式，就叫「海洋溫差發電」。目前正朝向實用化發展的「封閉式循環系統」，是將表層海水以蒸發器加熱後，用來氣化沸點低且易蒸發的氨水與水混合液，再將蒸發的氣體用來推動渦輪發動機以進行發電。發電後的混合液會在冷凝器中以低溫的海水降溫後冷卻為液體，再以幫浦送回到蒸發器繼續發電。

一般認為，溫差發電在熱帶地區的可行性較高，在日本的沖繩等地也開始進行實證研究。若能提高發電效率，就可增加將這樣的發電方式引進有黑潮暖流流經的太平洋側廣大海域的可能性。

此外，由深海抽上來的海水除了被送回海中以外，因為是富含礦物質的海洋深層水，所以還具有其他的可用性，可以說是一種一石二鳥的發電方式。

▼循環的流體可加熱或冷卻海水溫度。

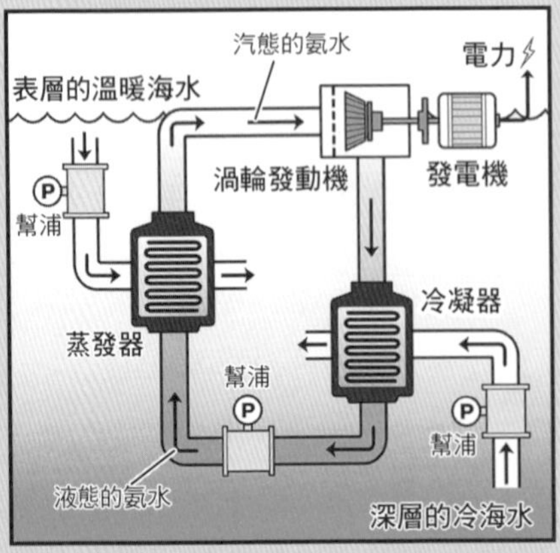
汽態的氨水
電力
表層的溫暖海水
渦輪發動機
發電機
幫浦
蒸發器
冷凝器
幫浦
幫浦
液態的氨水
深層的冷海水

插圖／加藤貴夫

潮汐能發電與潮流能發電（潮力發電）

週期性漲退並影響海面高度的現象，稱為「潮汐」。

引起潮汐的原因是月球。事實上，海水會因為月球的引力而被吸引，並且稍微膨脹。此外，因為月球的緣故，地球會稍微被拉動而產生離心力，而這股離心力會讓海水聚集在背對月球的那一側。來自月球的引力與離心力相互作用，讓海水在面對月球與背對月球的兩側被來回拉動，並延展成圓形。海水多的部分為滿潮，海水少的部分則為退潮。由於位在橢圓形海水中的地球每天都會自轉一圈，所以一天各會發生滿潮與退潮兩次。

而利用這股潮汐力量來進行潮汐能發電的原理，幾乎與水力發電完全相同。在河口或海灣的入口處建造水壩，將滿潮時的海水蓄積起來，在退潮時將海水放出以進行發電。由於日本潮汐的高低差並不明顯，所以不適合引進潮汐能發電。不過，同樣以潮汐的力量為基礎的潮流，卻在被陸地包夾的海域中強而有力的流動著。

插圖／加藤貴夫

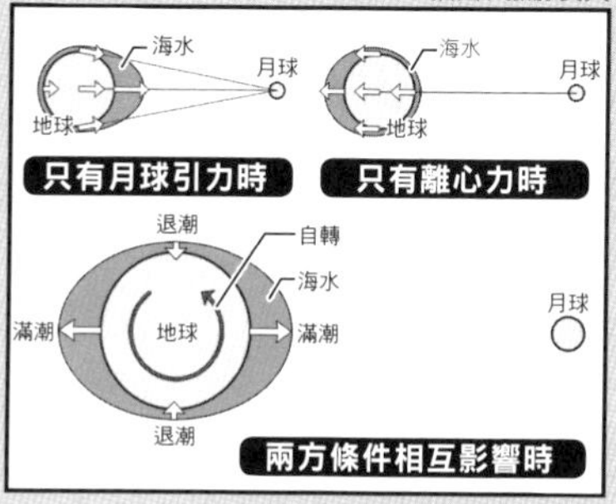
海水
月球
地球
只有月球引力時
海水
月球
地球
只有離心力時
退潮
自轉
海水
滿潮
地球
滿潮
月球
退潮
兩方條件相互影響時

▲ 潮汐是因月球引力、地球與月亮的離心力與地球自轉等原因所造成的自然現象。

例如被本州與四國、九州所包圍的瀨戶內海中以漩渦聞名的鳴門海峽等地，擁有許多流速很快的區域，可說是潮流能的寶庫。有許多島嶼的宮城縣松島灣，也正在進行利用島嶼間的潮流來進行潮流能發電的實證研究。

潮流能發電與洋流發電一樣，都是利用潮流的流水力帶動渦輪發動機來發電。不同之處在於洋流一整年都幾乎往相同方向流動，但潮流海天大約會出現四次一百八十度大轉向，但由於我們已經可準確預測出潮流的週期，所以並不會造成問題。

▼ 利用潮汐的漲退可以在蓄水池儲備大量的海水。

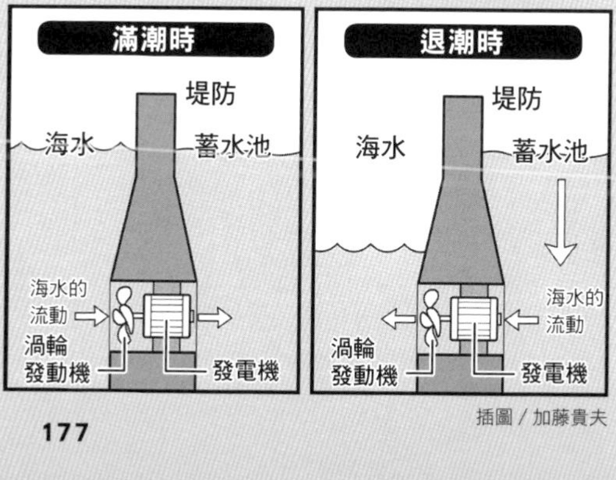
滿潮時
堤防
海水
蓄水池
海水的
流動
渦輪
發動機
發電機
退潮時
堤防
海水
蓄水池
海水的
流動
渦輪
發動機
發電機

插圖／加藤貴夫

溫泉繩泡好湯

公司旅遊結束回來了啊。
我們邊泡溫泉邊喝酒，
好久沒這麼放鬆了，感覺好舒服。
溫泉真的這麼好嗎？
想不想泡看看？
你要帶我去？
在房間裡就可以泡溫泉了。

Q 東京都內沒有天然的溫泉。這是真的嗎？

「溫泉繩」。
把繩子攤開放在榻榻米上。
哇！
嗯，溫度剛好。
好香喔……
這個溫泉對身體很好。
總覺得頭腦也變好了呢。
一＋一等於？
十一。
一邊泡溫泉一邊喝汽水。

真是座好溫泉啊。
泡得好舒服呢。
要收拾的時候，
只要抽起來就可以了。
去告訴大家我家有座溫泉。
啊，是靜香。
妳要去哪裡？
我家的浴室壞了。
所以要去澡堂嗎？

A 假的。雖然東京給人的印象總是高樓遍布，但其實在臨海的多摩地區、島嶼區共有兩百多處的天然溫泉。

我去看了，可是澡堂休息。
那太好了。
哪裡好啊!!
一天不洗澡我就渾身不對勁啊。
那就到我家泡溫泉吧。
溫泉!?
很棒的溫泉喔。
去你家洗澡嗎…還是不要好了…
好吧，不洗頂多是讓汗垢跟汗水弄得身體發癢而已嘛。
把溫泉拿出來。
歡迎、歡迎。
請慢洗。

超強能源尋寶機Q&A

Q

在日本這個溫泉大國內，每個都道縣府都有溫泉。這是真的嗎？

A 真的。擁有最多溫泉的是北海道，約有兩百處。最少的則是不到十處的沖繩。

還是算了。
在書房裡我實在沒心情洗澡。
只要有泡澡氣氛就好是嗎……
用實景天象儀打造的叢林溫泉。
可以洗了吧。
…………
水好熱還有香味!!
忍不住了。
好幸福喔……

超強能源尋寶機Q&A

Q 溫泉最高的溫度就是讓水沸騰的攝氏一百度。這是真的嗎？

大雄真是的，
我也拿他沒辦法……
還有沒有東西忘了拿啊。
妳洗好了？
舒服多了，
謝謝。
隨時歡迎妳過來喔。
收起來吧。
※甩
啊。
水花濺出來，榻榻米都溼了。
要擦乾淨不然會被罵的。

A 假的。長崎縣的小浜溫泉的源頭溫度高達攝氏一百零五度，是日本第一高溫的溫泉。溫泉的熱度甚至可用來進行發電。

超強能源尋寶機Q&A

Q 世界上最盛行以地熱發電的國家是？①美國 ②法國 ③日本

A ①美國。美國的地熱能蘊藏量與發電量都是世界第一，日本的蘊藏量則是世界第三。

身爲火山大國，日本應重新重視地熱能！

真是座好溫泉啊。

地熱能從哪裡來？

與因太陽照射而變暖的地表溫度不同，地熱是位在地下的高熱能量，比較簡單的例子就是像火山與岩漿。

插圖／加藤貴夫

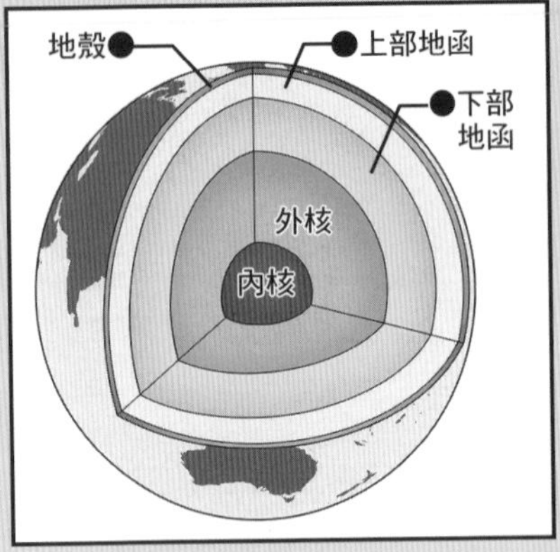
地殼
上部地函
下部地函
外核
內核

▲地球內部可分為五層。內核和外核的主成分為鐵，地函與地殼的主成分則是岩石。

而地熱的來源竟然可追溯到地球形成前的宇宙！在距今四十六億年前，宇宙發生了超新星爆炸（質量很大的星星毀滅前所發生的爆炸），爆炸製造出了許多放射性的物質，而這些物質也就是地熱的來源之一。

之後，從受到超新星爆炸影響的星雲中誕生了太陽。剛形成的太陽周圍，有許多小岩石與金屬塵粒在相互撞擊，撞擊後結合、變大，逐漸形成為地球。剛形成的地球上存在著許多因撞擊而形成的能量，以黏稠如火球的狀態存在著。等到這些能量逐漸冷卻後，便轉變為現今的地球環境。

地球中心部分（內核）的溫度高達攝氏六千度。一半的地熱來自於地球形成後殘留在地球內部的高溫，另一半則來自地球形成時含有的放射性物質崩壞後放出的熱能。

地熱會不斷的從地下冒出，但如果放著不用，其實也會自然釋放到宇宙中。好好活用這股能量，反而能幫忙減少浪費呢！

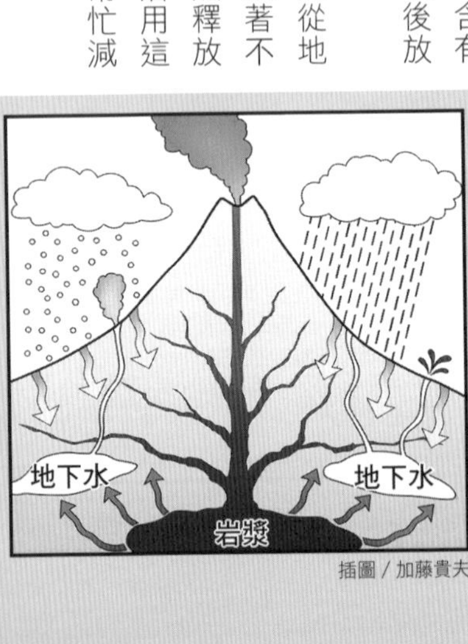
地下水
地下水
岩漿

插圖／加藤貴夫

地熱發電的構造與利用

越往地下挖掘，地熱的溫度就越高。現今研究範圍所及的地下一萬公尺範圍中，每往下一百公尺溫度就會升高攝氏二點五至三度。挖掘至地下四千公尺後，溫度就已經超過可讓水沸騰的攝氏一百度了。在靠近火山蘊藏岩漿的地區，地表下很淺的地方便有可利用的高溫。

火力發電廠是利用燃燒燃料產生熱能讓水沸騰為水蒸氣，進而推動蒸汽渦輪發動機來發電。而以地熱來取代燃料的發電方式便是地熱發電。火山附近有些區域甚至因為地熱加熱了地下水，而讓水蒸氣直接噴出地表。直接使用這些水蒸氣來發電的方式稱為「乾蒸汽式發電法」。位於岩手縣的日本首座地熱發電廠「松川地熱發電廠」，便是以這種方式發電。

若水蒸氣與熱水同時湧出，就會使用以汽水分離裝置將熱水與蒸汽分開的「閃發蒸汽循環式發電法」。可細分為將分離的熱水直接送回地下的發電方式，也有將熱水再加熱為蒸汽以提高發電效率的雙閃發式蒸汽發電。若地下因為有岩盤而無法湧出地下水時，便直接利用地熱。先在地下的岩盤中鑿出縫隙，從地上送水進去以地熱加溫，便成為「高溫岩體發電法」。

插圖／加藤貴夫

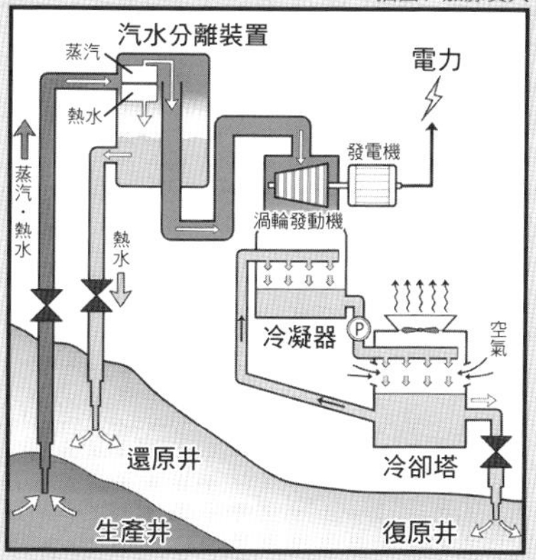
汽水分離裝置
蒸汽
熱水
電力
發電機
渦輪發動機
蒸汽・熱水
熱水
冷凝器
P
空氣
還原井
冷卻塔
生產井
復原井

◀圖為閃發蒸汽循環式發電法。將抽上來的蒸汽與熱水於發電完成後重新送回地下。

特別專欄

身爲火山大國的日本

日本共有 110 座活火山，過去 1 萬年間至少曾噴發過一次或平時便時常噴出水蒸氣的火山，便稱為活火山。被歸類為「世界遺產」的富士山也是曾在 300 年前噴發過的活火山之一。為了預防造成災害而必須特別觀測的火山，在日本火山噴發預報聯絡會的名單上共有 47 座。

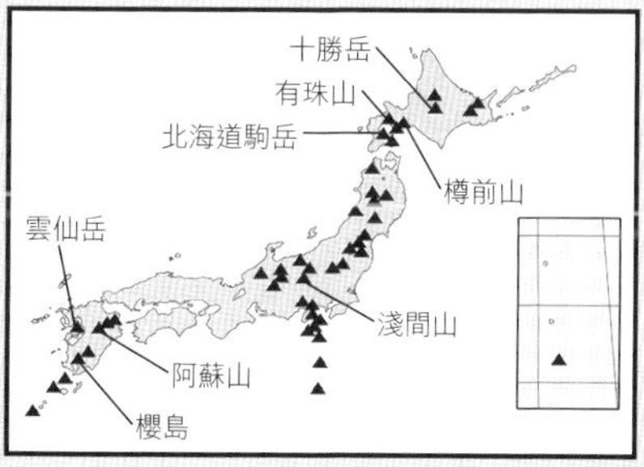
十勝岳
有珠山
北海道駒岳
樽前山
雲仙岳
淺間山
阿蘇山
櫻島

插圖／加藤貴夫（根據日本氣象廳網站資訊繪成）

受大家喜愛的溫泉也有地熱能！

自古以來廣受喜愛的地熱能利用法

你應該泡過溫泉吧？說不定還有人特別喜歡溫泉裡融入硫磺等礦物質後的特殊氣味呢！因為溫泉對健康有益，還能讓心情舒暢，因此不少人很喜歡溫泉。日本可說是世界上最喜歡溫泉的國家了。自古以來，日本人就知道泡溫泉可以恢復精神，戰國時代的武將也會為了健康而泡溫泉，據說武田信玄甚至還有自己的祕密溫泉。

插圖／佐藤諭

日本共有三千座溫泉，有的溫泉旅館甚至比戰國時代還久遠，擁有長達一千三百年以上的歷史。

享受溫泉的方式可不只有泡溫泉，還可利用溫泉來烹調。例如，用沸水煮蛋會讓蛋白和蛋黃都完全凝固，但溫泉蛋無論蛋白或蛋黃都呈現半熟的狀態。在家裡很難煮出這樣的熟度，但是在攝氏六十五度的溫泉水中卻能輕易辦到。至於溫泉饅頭與溫泉布丁，則是用溫泉的蒸汽蒸出來的。

為了不讓溫泉的蒸汽與熱度白白浪費，想辦法多加利用的概念與地熱發電都是活用地熱的例子。有些歷史悠久的溫泉，當地人會擔心如果利用地熱發電，會讓溫泉消失。因此，我們一定要努力在傳統與新技術之間相互配合，發展出皆大歡喜的運用方式才行。

特別專欄

溫泉是靠法律認定的？

到底要幾度的泉水才能算是溫泉呢？事實上，針對溫泉的標準，日本已經制定了溫泉法。湧泉的溫度高於攝氏 250 度，或泉水含有的物質在法律規範的 19 種物質之內，且濃度高於規定之標準，便可被認定為溫泉。

如果含有法律規範中的物質，即使水是冷的也可以算是溫泉，這類的溫泉就稱為冷泉。

節省熱能熱氣球

你想知道我待會要去搭什麼交通工具嗎？
我一點也不想知道。
口是心非，明明就很想問。
我告訴你好了。
我不想知道啦。
我表哥要讓我搭熱氣球呢。
到時候他一定會拿照片來跟我炫耀……
好啦，我知道啦。
拿熱氣球給你就是了嘛。
「節省熱能熱氣球」。
熱氣球是那種很大很大的…
這個就可以飛了。

Q 將冬天下的雪累積起來，等到夏天時再用於冷房等功能的技術已經邁向實用化。這是真的嗎？

A 真的。這項被稱為「冰雪能」的技術，在北海道或東北等會下雪的地方，已經使用於保存蔬菜的低溫設施中。

啊！那是靜香。
靜香！
把火關掉……
就可以慢慢下降了。
讓妳坐坐看。
咦？大雄你要自己操縱啊？
你沒問題嗎？
我看我還是不要坐好了。
絕對沒有問題啦。
要早點回來啊！別做危險的動作喔！

※升空

超強能源尋寶機Q&A

Q 從天然氣中提取出氫氣所製成的家庭用燃料電池，並不會釋放出二氧化碳。這是真的嗎？

A 假的。天然氣的主要成分「甲烷」是氫氣與碳的混合物。以現在的技術而言，提取氫氣時會一起釋放出二氧化碳。

真的好好喔。
妳看，一點都不可怕吧。
啊，胖虎在那裡。
胖虎！
是大雄!!
我們來整他吧。
把火關掉。
呀啊！要掉下去了！
別擔心。
讓我上去。
カチ
フワ

※喀嚓

※升空

啊哈哈
啊哈哈哈。
啊～真好玩。
我們一口氣飛高一點好不好？
ボッ
※啵
ギューン
呀啊!!
唔……
不知不覺飛到海上來了。
糟了!!
※往上噴
怎麼辦啊？
所以我就跟你說不要嘛。
別擔心啦。
大雄！再飛高一點啊！

Q 月球上有種稱為氦3的物質，因為可能成為未來的新能源而廣受矚目。這是真的嗎？

A 真的。氦3是能作為核子反應爐燃料的物質。據說氦3是由太陽所釋放，之後被太陽風帶往月球後大量堆積在月球上。

還有其他許多的新式能源

燃燒東西，一定會掉下去的。

朝實用化邁進的生質能源

之前介紹了太陽光、風力等許多可再生的能源，但能取代化石燃料的新能源還不只這些喔。

生質能源也是其中之一。「生質」代表的是生物質量，所以生質能源也就是將動、植物所產出的有機物視為能源（不包含化石燃料）來使用。

插圖／佐藤諭

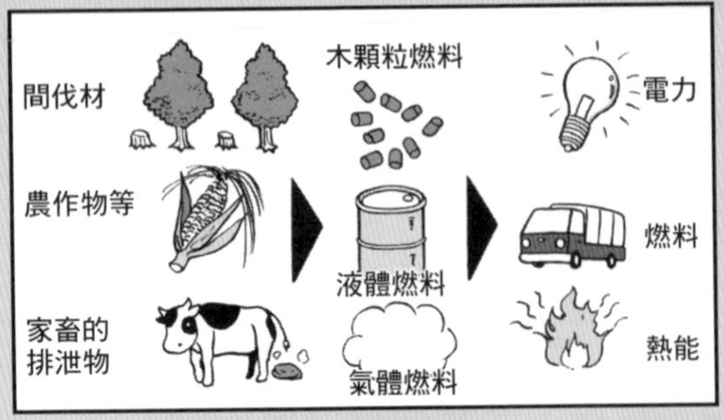
間伐材
農作物等
家畜的排泄物
木顆粒燃料
液體燃料
氣體燃料
電力
燃料
熱能

▲ 生質能源的有效活用方式

人類自古以來使用的木材或木炭，其實都是一種生質能源。木材與木炭的來源都是樹木，而樹木正是利用光合作用將二氧化碳轉化為生長所需的有機物。雖然燃燒木材和木炭會產生二氧化碳，但只要在森林裡多栽種樹木，便可透過光合作用再次吸收這些二氧化碳。所以只要好好保護森林，那麼木材與木炭也能成為可再生的生質能源。

近年來，把來自森林的間伐材（譯註：人工林樹木的間距較密，須將部分樹木伐除以維持足夠間距使樹木獲得充足陽光，樹根有擴展的空間，讓森林生長得比較理想。伐除取得的木材就是間伐材。）或廢材製成顆粒燃料（固態燃料），並將這些燃料用於暖房或發電等功能的技術已經很成熟。此外還有從甘蔗、玉米等提煉出乙醇所製成的液體燃料，以及從家畜的排泄物提煉出甲烷等氣體燃料，這些燃料的製成技術與使用都日漸普及中。

近來，被視為生質能源而廣受矚目的能源還有藻類等微生物。藻類會行光合作用並製造出可作為燃料或塑膠的原料「碳氫化合物（脂質）」，並儲存於體內。目前的研究正朝著大量培育藻類以製成生質燃料的方向努力中。

即使是垃圾，只要好好利用也能變身為能源！

廢棄物利用近來重新受到重視，被視為未被妥善利用的能源。在日常生活中，我們每天都丟掉許多垃圾。在這些垃圾當中，包括很多像食用油等可被當做生質能源使用的東西。因此我們今後的課題之一，便是將這些垃圾分門別類、妥善利用。無法被利用的垃圾通常都會被當做可燃垃圾燒掉，但最近也出現可利用燃燒垃圾的熱能來發電的垃圾焚化廠，或利用焚化廠排出的熱能來燒熱水以供應當地的溫水泳池之用。垃圾，也可以是很棒的能源喔！

丟了就只是垃圾……
活用就成能源!!
垃圾
垃圾
▲ 廢棄物也可以當做能源再利用。

插圖／佐藤諭

特別專欄

溫差能的利用

至今被丟掉的東西中，重新被當做能源的不只有垃圾，將廢水當做能源使用的技術也正在研發中。

從廢水處理場排出的廢水溫度大多是固定的，夏天時比氣溫低，冬天時則顯得比氣溫高。利用可有效移動熱能的熱泵，就能將廢水的熱能用於冷暖房，或用來溶解冬天的積雪等。熱泵的構造就像右圖一樣，可以將熱能由溫度低的地方運到溫度高的地方，因此也被使用於冷藏室與冷氣機中。

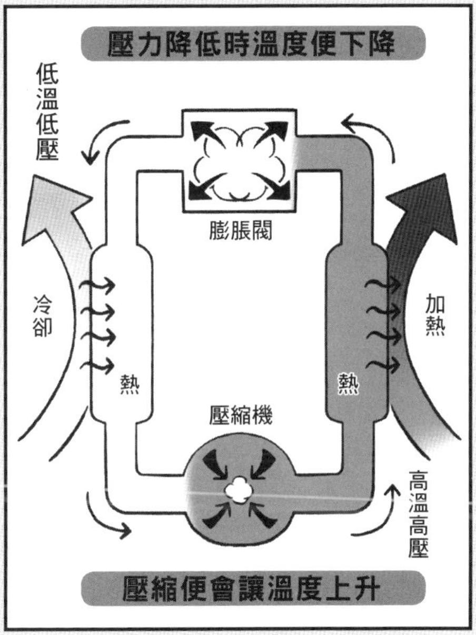
壓力降低時溫度便下降
低溫低壓
膨脹閥
冷卻
熱
熱
加熱
壓縮機
高溫高壓
壓縮便會讓溫度上升

插圖／佐藤諭

ボッ

氫氣將支撐地球與人類的未來？

透過燃燒氫氣來產生能量的燃料電池

二〇一四年十二月，豐田汽車製造的世界第一輛燃料電池車「MIRAI（未來）」正式上市。燃料電池車的能源來自於「氫氣」，讓氫與大氣中的氧產生化學反應後發電，並以發出的電流來驅動車輛。使用汽油的車輛會排放出二氧化碳或汙染大氣的物質，但燃料電池車所排放出來的，只有氫與氧交互反應時所產生的水（不過以現在的科技，用化石燃料製造氫氣的時候，還是會排放出二氧化碳）。

插圖／佐藤諭

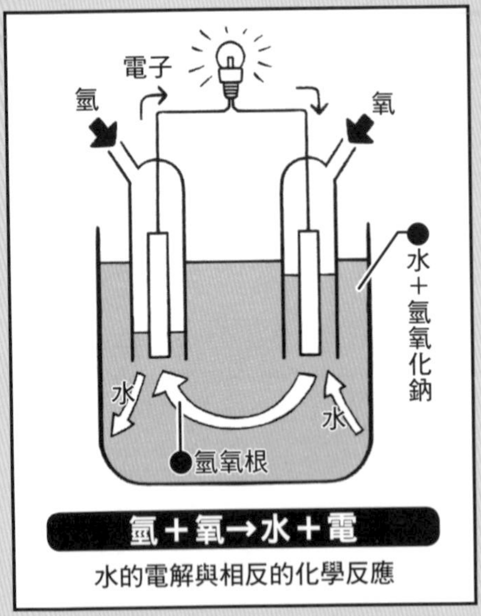
電子
氫
氧
水＋氫氧化鈉
水
水
氫氧根
氫＋氧→水＋電
水的電解與相反的化學反應

▲利用氫與大氣中的氧來發電的燃料電池，構造等於是反向的「水的電解實驗」。

為什麼氫與氧可以產生能量呢？其中的奧祕可以透過在學校學過的「水的電解」來解釋。將水通電後（為了讓水通電，需把氫氧化鈉溶進水裡），會產生氫與氧。如果把電解水的過程反過來會怎麼樣呢？讓氫與氧產生化學變化後，便會得到水與電。燃料電池就是利用這樣的原理來發電。

其實燃料電池已經存在於日本人的日常生活中，那就是家庭用的燃料電池「ENE．FARM（熱電共生系統）」。無論是天然氣或桶裝瓦斯，當中都含有甲烷或丙烷等由氫和碳所結合的碳氫化合物。「ENE．FARM」便是由天然氣中提取出氫，交給燃料電池發電，連同發電時產生的熱能一併使用的裝置。

以氫氣爲主力能源的社會已近在眼前

對於石油與天然氣等能源幾乎都仰賴進口的日本來說，從水當中就能提取出來的氫氣是非常值得期待的新能源，甚至可能成為「今後的能源主流」。

大量蓄積電力是件非常困難的事。因為發電量會因大自然的影響而產生變化，太陽、風力等再生能源也很難進行大規模的推廣。但使用多餘的電力將氫氣由水中提取並儲存起來，那就隨時都可用來發電了。要改變這個過度依賴化石燃料的社會，氫氣燃料或許會是我們的答案。

插圖／佐藤諭

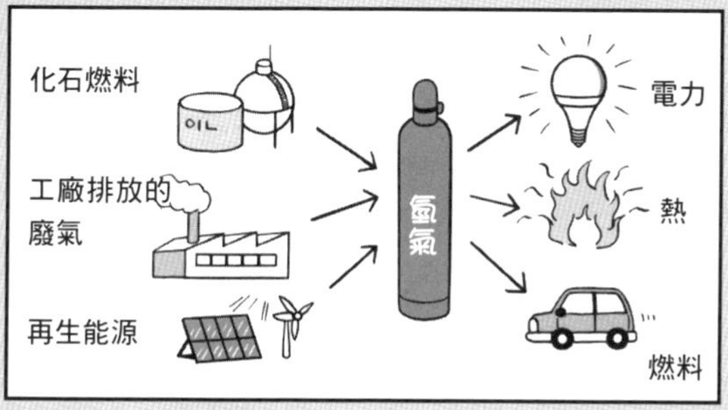
化石燃料
OIL
工廠排放的廢氣
再生能源
氫氣
電力
熱
燃料

▲ 透過由化石燃料中提取出的氫氣，或利用再生能源從水中製造出氫氣，便可建構出活用氫氣的「氫氣社會」。

特別專欄

你會選擇哪一種環保汽車？

因為對車輛的環保規定越來越嚴格，所以越來越多人開始開發對環境較友善的環保車輛。同時搭載燃油引擎與電動馬達的「汽電共生車」，是將引擎發電所產生的電力蓄積起來，再以馬達來驅動車輛。

「電動車」則僅搭載電動馬達，因此需要由外部供電給蓄電池進行充電，但行走時完全不會排放出二氧化碳。

「燃料電池車」屬於電動車，但搭載以氫氣為能源的發電機。不過，如果不到加氫站去補充氫氣，燃料電池車便沒辦法持續行走。

插圖／佐藤諭

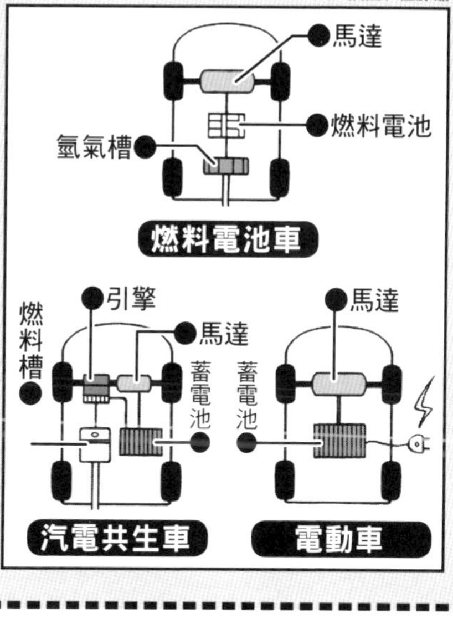
馬達
燃料電池
氫氣槽
燃料電池車
引擎
馬達
燃料槽
蓄電池
汽電共生車
馬達
蓄電池
電動車

熱能
熱氣球」。

善用能源，保護環境

不會浪費能源的新技術

本書中介紹了很多不需依賴化石燃料、比較環保而且還可再生的能源。但是為了維持人類的發展，除了必須減少消耗能源外，還必須找出在維持社會繁榮的先決條件下聰明使用能源的方法。

插圖／佐藤諭

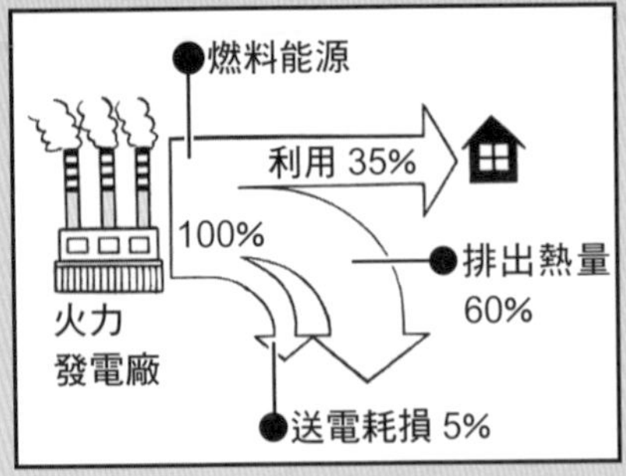
燃料能源
利用 35%
100%
排出熱量
60%
火力
發電廠
送電耗損 5%

▲ 大型發電廠的能源使用效率。

如上圖一般，現今大規模的火力發電廠所產生的電力中，我們所使用的能源只占了用來發電的石油或天然氣百分之三十五的能量，剩下的許多能量都被當做廢熱排掉了。發展能減少浪費這些能源的技術，對今後的社會而言相當重要。

因此，熱電聯產系統變成近來最受矚目的技術。此系統可將燃燒燃料所產生的熱用於推動可發電的渦輪發動機，並將多餘的熱使用於熱水或冷暖房之用。如果可依地區善用電力與熱能，就可將能源利用效率提升到百分之七十五至八十。

插圖／佐藤諭

發電廠
電力
利用熱能
連熱能也拿來使用，就不會浪費啦！

▲ 如果可將發電後多餘的電力依地區善用，就可提升能源的使用效率。

插圖／佐藤諭

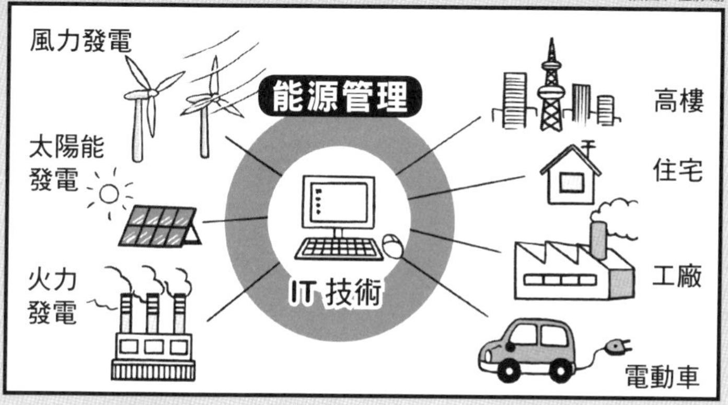
風力發電
太陽能
發電
火力
發電
能源管理
IT 技術
高樓
住宅
工廠
電動車

▲ 可聰明管理能源、避免浪費的智慧社區系統

什麼是智慧社區（Smart Community）？

近來，世界各地都在發展「智慧社區」計畫。這個計畫運用了綠能科技與通訊科技等尖端科技，不但可以有效控管整個社區的能源使用，還可兼顧社區的環保。

家家戶戶都設有太陽能板或家庭用燃料電池，透過住宅能源管理系統管理家中的能源，同時觀測社區整體能源生產與消耗，並以最適當的方式來使用並控管能源。此外，也嘗試引進更有效率的交通系統。從前，我們總毫不思考的使用那些從大規模發電廠所送出的電力，改變這樣的生活方式並自行管理能源，便可朝向減少排放二氧化碳並節省能源的方向邁進。

雖然智慧社區在許多方面都還在實驗階段，但日本已經由政府開始帶頭，包含住宅、電力供應、通訊等業界，都紛紛投入這些新世代地區的研究與發展。必須重新思考如何與能源共生的時代，已經擺在我們的面前了。

特別專欄

挑戰以人工進行光合作用！

再生能源當中最極致的一種能源是「人工光合作用」。

植物可利用太陽能，從水與二氧化碳中產生出氧氣與碳水化合物等有機物。這些透過光合作用所生成的有機物，不但支撐著地球上的生命，連石油、煤炭等化石燃料原本也都是來自光合作用所形成的有機物。透過人工的方式重現光合作用的研究，目前正如火如荼的進行中。雖然因為光合作用的過程相當複雜，以人工重現有相當的難度，但已經出現了成功製造出有機物的研究報告。或許邁向實用化的那天，並非那麼遙不可及喔！

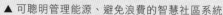

後記 地球與我們的關係

日本科學未來館科學傳播教育家
池邊靖

於東京大學理學系研究科主修物理學，於物理化學研究所宇宙放射研究室、馬克斯普朗克學會宇宙空間物理學研究所進修，並曾於ＮＡＳＡ戈達德宇宙航空中心從事研究。二〇〇四年起，於日本科學館舉辦展覽企畫開發、與市民對談等推廣科學的活動。主要負責地球環境、能源與宇宙物理等領域。

你曾經思考過，你每天在生活中使用了多少能源嗎？首先，每天在飲食方面，一個成人每天攝取的能量約為兩千大卡路里，相當於二點四千瓦小時的電能。意思就是，如果有能讓一百瓦的電燈泡亮一整天的最低能量，便可以讓我們存活一天。

但我們在生活中，無論是遷徙、工作或應付生活中種種的狀況，都需要使用其他的能源。日本所使用的能源總量，平均一個人約為五千瓦，也就是

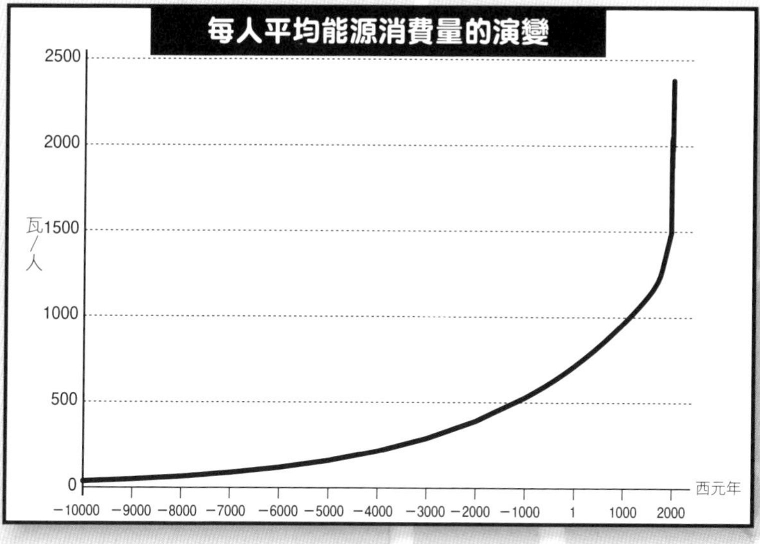

等於五十個一百瓦的電燈泡。代表每個人的背後都有五十個一百瓦的電燈泡，無論醒著或睡著，都二十四小時不間斷的在亮著。

我們能有這麼大量的能源可使用，除了歸功於科技進步之外，最重要的還是因為地球上有著群集的能源資源。西元前支撐著數個興盛文明的「能源群」是木材。人們利用燃燒木材所獲得的能量來製作煉製後的青銅或鐵器，但因為人口日益增多，不久周遭的森林幾乎被破壞殆盡，能源不足的情形開始出現，加上氣候變動等因素，進而導致文明滅亡。

當世界深刻體認到缺乏能源所帶來的傷害時，利用化石燃料的技

術也逐漸開發出來，接著，人類開始爭奪挖掘這些埋藏於地底下的「能源群」。之後，隨著電力的出現，讓人類開始進入大量使用能源的時代。請參考上頁上方的圖表。

圖中顯示出從西元前一萬年到現在，每人平均能源消費量增加了多少。可以發現近五十年來，每個人的能源消費量增加的狀況越來越不正常。看看全球的能源消費總量就會發現，不但人口增加，能源消費的增加更為劇烈。這個圖表已經不能再不斷的向上延伸了，「能源群」只會越用越少。石油文明的終點已經近在眼前。我們該怎麼做才好？

該接著去找尋新的「能源群」嗎？說不定真的存在。但新的「能源群」一定也會有用完的一天，而依賴「能源群」會替社會帶來多大的不安定感，我們應該也非常清楚了。

我們人類本來就是利用地球上的「資源」才得以生存至今，而「資源」不單是指食物、

聯邦的能源大都是從這裡供應。
用微波傳送到各州。
那就不用石油和煤了，所以不會汙染空氣……

材料、「能源群」等物質資源，也包含了播種培育植物、把變髒的水弄乾淨、讓美景隨四季變遷等各種不同的大自然機能。

科技，並沒辦法無中生有，也無法代替大自然原本的機能。當然，如果有能源，我們就可以利用建築物中的電燈泡來培育蔬菜或米飯，也可以淨化被弄髒的水或空氣。但跟地球的能耐相比，我們能重現的規模實在太渺小。

科技絕對是人類所發明的東西中最棒的工具。透過這樣的工具，人類可以創作出許多嶄新的物品，也擴大了人類的活動範圍。人類不過只是地球上的一種物種，地球不但是我們的母親，今後也會繼續以老師的身份傳授智慧給我們。但現在的我們卻像叛逆期的小孩一樣，並沒有聽進去這位母親的話。期待我們能早點長大成人，並好好學會能用於孝順這位母親的智慧、技能與心態。

■第 205 頁圖中數據來源：
●人口：
・US Census Bureau, World population information(Midyear Population)
●世界整體能源消費量
・「Energy, Environment, Economics and Ethics」, Chapter 6, The Rising Tide of Human Energy Use, The Philosophic Institute, University of North Dame
・BP statistical review of world energy June 2014(Primary energy consumption)

■參考文獻
・《能源環境史》田中紀夫著（ERC 出版）
・《氣候變動之文明史》安田喜憲著（NTT 出版）

哆啦A夢科學任意門 ⑫

超強能源尋寶機

● 漫畫／藤子・F・不二雄
● 原書名／ドラえもん科学ワールド── エネルギーの不思議
● 日文版審訂／ Fujiko Pro、日本科學未來館
● 日文版撰文／瀧田義博、山本榮喜、窪內裕、甲谷保和、芳野真彌
● 日文版版面設計／ bi-rize
● 日文版封面設計／有泉勝一（Timemachine）
● 日文版編輯／ Fujiko Pro、杉本隆

● 翻譯／陸蕙貽
● 台灣版審訂／蕭述三

發行人／王榮文
出版發行／遠流出版事業股份有限公司
地址：104005 台北市中山北路一段 11 號 13 樓
電話：(02)2571-0297　傳真：(02)2571-0197　郵撥：0189456-1
著作權顧問／蕭雄淋律師

2017 年 2 月 1 日 初版一刷　2024 年 2 月 1 日 二版一刷
定價／新台幣 350 元（缺頁或破損的書，請寄回更換）

ISBN 978-626-361-412-3
遠流博識網 http://www.ylib.com　E-mail:ylib@ylib.com

◎日本小學館正式授權台灣中文版
● 發行所／台灣小學館股份有限公司
● 總經理／齋藤滿
● 產品經理／黃馨瑝
● 責任編輯／小倉宏一、李宗幸
● 美術編輯／蘇彩金

國家圖書館出版品預行編目（CIP）資料

超級能源尋寶機 / 藤子・F・不二雄漫畫 ; 日本小學館編輯撰文 ;
陸蕙貽翻譯 . -- 二版 . -- 台北市 : 遠流出版事業股份有限公司 ,
2024.2
面 ;　公分 . --（哆啦A夢科學任意門 ;12）

譯自 : ドラえもん科学ワールド : エネルギーの不思議
ISBN 978-626-361-412-3（平裝）

1.CST: 能源　2.CST: 漫畫

400.15　112020392

DORAEMON KAGAKU WORLD—ENERGY NO FUSHIGI
by FUJIKO F FUJIO

Original Japanese edition published by SHOGAKUKAN.
World Traditional Chinese translation rights (excluding Mainland China but including Hong Kong & Macau) arranged with SHOGAKUKAN through TAIWAN SHOGAKUKAN.
※ 本書為 2015 年日本小學館出版的《エネルギーの不思議》台灣中文版，在台灣經重新審閱、編輯後發行，因此少部分內容與日文版不同，特此聲明。